文系でもわかる 電子回路

山下 明 著

electronic circuits

"中学校の知識"ですいすい読める

本書内容に関するお問い合わせについて

このたびは翔泳社の書籍をお買い上げいただき、誠にありがとうございます。弊社では、読者の皆様からのお問い合わせに適切に対応させていただくため、以下のガイドラインへのご協力をお願い致しております。下記項目をお読みいただき、手順に従ってお問い合わせください。

●ご質問される前に

弊社Webサイトの「正誤表」をご参照ください。これまでに判明した正誤や追加情報を掲載しています。

正誤表　https://www.shoeisha.co.jp/book/errata/

●ご質問方法

弊社Webサイトの「刊行物Q&A」をご利用ください。

刊行物Q&A　https://www.shoeisha.co.jp/book/qa/

インターネットをご利用でない場合は、FAXまたは郵便にて、下記〝翔泳社 愛読者サービスセンター〟までお問い合わせください。
電話でのご質問は、お受けしておりません。

●回答について

回答は、ご質問いただいた手段によってご返事申し上げます。ご質問の内容によっては、回答に数日ないしはそれ以上の期間を要する場合があります。

●ご質問に際してのご注意

本書の対象を越えるもの、記述個所を特定されないもの、また読者固有の環境に起因するご質問等にはお答えできませんので、予めご了承ください。

●郵便物送付先およびFAX番号

送付先住所　〒160-0006　東京都新宿区舟町5
FAX番号　　03-5362-3818
宛先　　　　（株）翔泳社 愛読者サービスセンター

※本書に記載されたURL等は予告なく変更される場合があります。
※本書の出版にあたっては正確な記述に努めましたが、著者および 出版社のいずれも、本書の内容に対してなんらかの保証をするものではなく、内容やサンプルに基づくいかなる運用結果に関してもいっさいの責任を負いません。
※本書に掲載されている画面イメージなどは、特定の設定に基づいた環境にて再現される一例です。
※本書に記載されている会社名、製品名はそれぞれ各社の商標および登録商標です。
※本書では ™、®、© は割愛させていただいております。

まえがき

　今から「電子回路」を学ぶ方は「電子」についてどんなイメージをおもちでしょうか？　ここではまず、「電気回路」と比較しながらお話ししましょう。

　拙著「文系でもわかる電気回路 第2版 "中学校の知識"ですいすい読める」（翔泳社刊）に次の一節があります。

　「電気はつぶつぶ。プラスとマイナス。」

　これは、電気の源である「電荷」を初学者向けにわかりやすく「つぶつぶ」と表現したものです。電気の源はマイナスの電荷をもった「電子」とプラスの電荷をもった「陽子」だからです。電気回路では「つぶつぶ」である電子と陽子を集団的に扱い、つぶつぶを動かす力を「電圧」、その流れの束を「電流」と呼んでいます。その「電圧」と「電流」の関係がきれいになる範囲を考えているのが、「電気回路」という学問です。電気回路のおかげで、電線のような金属を伝わる電気の性質が理解できるようになります。

　一方、「電子」というのは人間の想像が及ばないほど小さなもので、とても不思議な性質をもっています。電気回路では「つぶつぶ」という説明で電子の性質は十分理解できるのですが、電子回路ではそうはいきません。実は、電子は「つぶつぶ」とは真逆の「波」という性質をもっているのです。

　「電子回路」という分野は、電子がとても小さな世界で見せる波の性質をうまく利用する技術です。そのために、「電圧」と「電流」の関係も不思議なものになります。電子回路で登場する内容は日常生活には全く現れないものなので、「電子回路」の内容は「電気回路」に比べてとても難しいものになります。

◯本書の対象と扱っている電子回路の範囲について

　さて、この本を手に取っていらっしゃる方はどんな方でしょうか。ありがたいことに仕事で勉強を迫られている方、単に興味をもっている方、学生、あるいは工学系の教員まで、拙著はいろいろな方たちに読まれているそうです。

本書を執筆するにあたり、執筆方針を次のように決めました。

- 初めて電子回路を勉強する方向け
- 電気回路の基本的な内容を前提（必要に応じて補足しています）
- 詳しい専門書を読む準備段階として必要な知識を網羅

そのため、本書には次のような特徴があります。

- 電子回路のすべての分野を網羅しているものではありません。
- 専門書には説明のない行間を詳しく書いています。
- 本書の内容を理解できれば、よりレベルの高い専門書の内容も理解できるようになります。

　本書では、多くの電子回路の書籍で扱っている「電力増幅」「発振回路」「変調回路」「復調回路」「電源回路」といった分野が丸ごと省略されています。これらは紙面の都合や、先に述べた本書の対象読者の方たちにとって情報過多とならないようにと考えて割愛しました。

○本書の構成と読み方

　本書は大きく 3 つの部分に分かれています。

Ⅰ．電子回路の世界へようこそ：第 1 章

　第 1 章では Ⅱ. の前半を読むために必要なことを書いています。半導体の性質を理解するために必要なミクロな世界の法則を解説しており、入門書では詳しく書かれていないことが多いような内容も丁寧に書きました。

Ⅱ．部品の仕組み：第 2 章〜第 6 章

　半導体を使った「ダイオード」と「トランジスタ」という部品の仕組みを解説しています。初学者の方は第 2 章、第 3 章、第 4 章の順に読んだほうがいいでしょう。第 5 章と第 6 章は必要なところだけを読んでも大丈夫です。

　この第 2 章〜第 6 章の内容は、デバイス業者に必要な知識です。デバイス（＝部品）を作るために必要なこと、つまり部品そのものの仕組みについて勉強しま

す。材料や中身がどうなっているか、どんな仕組みで動作するのかを理解して
いきます。そうすることで、どんな部品が求められているのかや、部品をどの
ように使えばいいのかもわかってきます。

Ⅲ．部品の使い方：第 7 章〜第 10 章

　Ⅱ. で説明した半導体の部品を実際にどう使えばよいのかを説明しています。

　第 7 章〜第 10 章では回路業者に必要なことを学びます。回路業者とは、デバ
イス業者が作った部品を実際に組み立てて使う人たちです。実際に製品を作る
ときは、たくさんの部品を組み合わせて作ります。回路業者は、現実にある部
品を駆使して世に必要なことを実現するために、たくさんの部品の使い方を勉
強します。

　本書が他の多くの「電子回路」の書籍と異なる点は次の通りです。

- Ⅱ.「部品の仕組み」と Ⅲ.「部品の使い方」を分けて説明していること
- Ⅱ.「部品の仕組み」の説明に必要なミクロな世界の法則を Ⅰ. で詳しく書いて
  いること

　多くの電子回路の本では、Ⅲ. の内容がより充実しています。Ⅱ. の内容は「半
導体工学」の分野になります。初学者は部品の中身をきちんと理解すべきと考え、
本書では Ⅱ. のうち、とりわけ「バンド理論」について詳しく書いています。

　このように、本書では「部品の仕組み」と「部品の使い方」の両方を勉強できる
ようになっています。多くの本は、これら 2 つの内容を交互に書いていたり別
の本にしたりしていますが、本書では一冊にまとめて勉強しやすいように工夫
してみました。

　次ページからは、電子回路を学ぶ前に読んでおくと理解が進みやすくなる、
電子回路の世界を直感でイメージできるような内容を書いています。読み物な
ので、気軽に読んでみてください。

　本書を通じて、少しでも電子回路に親しみをもっていただき、読者の皆様が
より詳しい専門書に進むことができるよう、切に願っています。

2019 年 4 月　山下 明

○電子回路の小さな世界～ミクロな世界に常識はあてはまらない～

　電子回路で登場する部品たちは、「ミクロ」な世界と呼ばれるとても小さな世界で起こる不思議な現象をうまく利用しています。その世界では、私たちの日常生活にはなじみのない現象が起こっています。このため、初めて電子回路を勉強される方は戸惑うことが多いようです。どのくらい小さい世界なのかがわかるよう、次ページにミクロな世界を表してみました。

　図の中央部分から見てみましょう。私たちが日常生活で体験する現象は、小さくてもミジンコが泳ぐ数 m から数 mm くらいの大きさでしょう。「マクロ」な世界と呼ばれる大きさの世界では、ニュートンという人が 18 世紀に考えた「古典力学」という、（今となっては）比較的簡単な理論ですべての現象を説明できていました。

　ところが 20 世紀に入って測定の技術が進むと、クジラやリス、ミジンコでも何でも、すべての物質は「原子」という最小単位のものが組み合わされてできていることがわかりました。その世界は非常に小さいため、古典力学では説明できない現象も観測されました。そこで「量子力学」という理論が生み出されたのです。量子力学は、微小な世界を説明する有効な理論として現在まで広く認められています。

　たとえば次ページの図で一番下にいる「電子」は、電子回路でとても重要な役割を担っています。不思議な性質を秘めた電子ですが、この電子も量子力学のおかげで理解できるようになりました。

　次に、電子回路の部品の大きさを見てみましょう。リスにもいろいろな大きさのリスがいるように、実際の電子回路で登場する部品にもいろいろな大きさのものがあります。次ページの図では代表的な部品であるトランジスタとスマートフォンのある製品の実際の大きさを描きました。トランジスタやスマートフォン自体はマクロな世界に属する大きさです。こういった部品はシリコン原子のようなミクロな世界の物質がたくさん集まって、「結晶」としてマクロな大きさになっています。

　ミクロな世界の現象を上手にマクロな世界に引き出してあげるのが、電子回路の部品の仕事なのです。

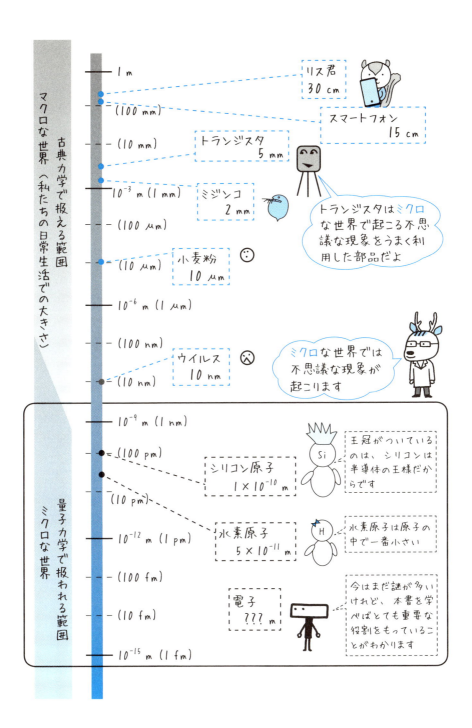

●電気回路と電子回路の違い〜線形か非線形か〜

　初めて電子回路を勉強される方は、漢字が似ていることもあって「電気回路と電子回路は何が違うねん!!」と疑問をもたれるかもしれません。この点について詳しく書いている本はあまりありませんので、ここでは両者の違いを強調して書いてみることにします。

　電気回路では、電圧と電流の関係はオームの法則で関係づけられていました。電圧 V〔V〕と電流 I〔A〕は比例の関係にあって、比例定数である抵抗 R〔Ω〕との間に、

$$V = IR$$

という関係がありましたね。電気回路では、このオームの法則が成立する範囲でできることを考えていました。直流回路だけではなく交流回路の場合は、インピーダンス Z〔Ω〕を導入することで直流回路と同じ法則が使えます。

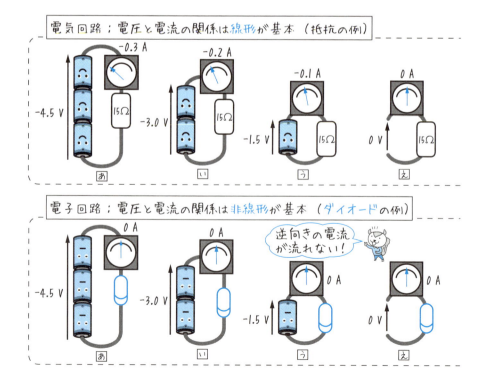

8

電子回路の場合は、オームの法則が適用されない範囲の部品が登場します。下図は抵抗と**ダイオード**という部品を比較したものです。抵抗の場合は電圧と電流の関係をグラフにすると、まっすぐな直線になります。このようなグラフは**線形**であるといわれます。電圧を逆に加えても、ちょうど反対向きで同じ大きさの電流が流れるだけです。

　一方、ダイオードという部品は様子が全く異なります。逆向きの電圧を加えると電流が流れなくなり、電圧と電流の関係を示すグラフはまっすぐな直線ではなくなって、**非線形**であるといわれています。

　このように電子回路では、電圧と電流の関係がとても複雑です。線形な関係だったときには現れなかった現象が、電子回路にはたくさん秘められているからです。電子回路では、ミクロな世界の現象を部品を通して引き出し、その結果出てくる非線形な性質を上手に扱う方法を勉強します。

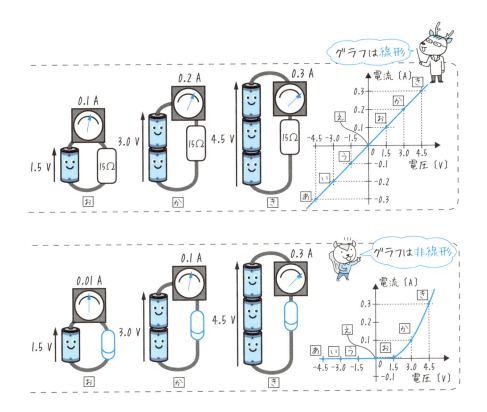

9

目次

まえがき 3
会員特典データのご案内 14

Ⅰ．電子回路の世界へようこそ

第1章　電子回路を読み解くための予備知識　　　　　　　　　　　15
- **1-1**　半導体って何？ 16
- **1-2**　原子の構造 18
- **1-3**　原子の性質 20
- **1-4**　電子の性質（1）波と粒子の二重性 22
- **1-5**　電子の性質（2）フェルミ粒子としての性質 24
- **1-6**　たくさんの電子の扱い方 26
- **1-7**　原子の中の電子たち 28
- **1-8**　周期表 32
- **1-9**　結晶 34
- **1-10**　バンド理論（1）金属 36
- **1-11**　バンド理論（2）絶縁体 40
- **1-12**　バンド理論（3）半導体 42

Ⅱ．部品の仕組み

第2章　ダイオード　　　　　　　　　　　　　　　　　　　　　　45
- **2-1**　ドーピング 46
- **2-2**　n型半導体のでき方 48
- **2-3**　n型半導体のバンド構造 50
- **2-4**　p型半導体のでき方 52
- **2-5**　p型半導体のバンド構造 54
- **2-6**　pn接合＝ダイオード 56
- **2-7**　pn接合のバンド構造 58
- **2-8**　整流作用とバンド構造 60
- **2-9**　ダイオードの電圧電流特性 64

| **2-10** | 逆電圧 | 66 |

第3章　トランジスタ　69

3-1	トランジスタはハンバーガー構造	70
3-2	足の名前の由来	72
3-3	トランジスタの増幅作用	74
3-4	トランジスタのバンド構造	76
3-5	静特性と動特性	78
3-6	h パラメータ	82
3-7	等価回路	84
3-8	寄生容量	86

第4章　電界効果トランジスタ　89

4-1	電流駆動と電圧駆動	90
4-2	モノポーラ	92
4-3	足の名前とチャネル	94
4-4	接合型 FET の動作	96
4-5	接合型 FET の静特性	98
4-6	接合型 FET の等価回路	100
4-7	MOSFET の動作	102
4-8	エンハンスメント型とデプレッション型	104
4-9	MOSFET の静特性	106

第5章　ダイオードの仲間　109

5-1	LED（発光ダイオード）	110
5-2	太陽光電池	114
5-3	フォトダイオード、pin ダイオード	118
5-4	レーザーダイオード	120
5-5	ツェナーダイオード、アバランシェダイオード	124
5-6	トンネルダイオード（エサキダイオード）	126
5-7	可変容量ダイオード	130
5-8	ショットキーバリアダイオード	132

第6章　トランジスタの仲間　135

| **6-1** | フォトトランジスタ | 136 |

| 6-2 | サイリスタ | 138 |
| 6-3 | IGBT | 140 |

Ⅲ. 部品の使い方

第7章　トランジスタを使った増幅回路　143

7-1	信号と電源	144
7-2	バイアスの考え方	146
7-3	接地とグラウンド	148
7-4	コレクタ抵抗と3つの基本増幅回路	150
7-5	エミッタ接地増幅回路の基本動作	152
7-6	トランジスタの電圧と電流の関係	154
7-7	負荷線	156
7-8	動作点	160
7-9	増幅率	164
7-10	利得	166
7-11	動作点とバイアス	168
7-12	バイアス回路の必要性	170
7-13	バイアス回路のいろいろ	172
7-14	直流をカットするには	176
7-15	小信号増幅回路の等価回路	178
7-16	hパラメータを使った等価回路	182
7-17	高周波特性	186
7-18	高周波増幅回路	166
7-19	入力インピーダンス・出力インピーダンス	190
7-20	インピーダンス整合	192
7-21	エミッタフォロア	194

第8章　電界効果トランジスタを使った増幅回路　197

8-1	FETの増幅回路	198
8-2	接合型FETとMOSFET	200
8-3	接合型とデプレッション型MOSのバイアスと動作点	202
8-4	エンハンスメント型MOSのバイアスと動作点	204
8-5	小信号増幅回路の等価回路	206

第9章　帰還回路と演算増幅器　209

- **9-1**　フィードバックと負帰還回路 ……………………………………… 210
- **9-2**　負帰還回路の増幅率 ……………………………………………… 212
- **9-3**　負帰還回路の増幅率が安定する理由 ……………………………… 214
- **9-4**　負帰還回路の帯域幅が広がる理由 ………………………………… 216
- **9-5**　負帰還回路の入出力インピーダンス ……………………………… 218
- **9-6**　負帰還回路の実際 ………………………………………………… 220
- **9-7**　正帰還 ……………………………………………………………… 222
- **9-8**　演習増幅器 ………………………………………………………… 224
- **9-9**　演習増幅器で足し算 ……………………………………………… 228

第10章　ディジタル回路　231

- **10-1**　ディジタルとは …………………………………………………… 232
- **10-2**　ディジタルの数え方 ……………………………………………… 234
- **10-3**　ディジタルとアナログの変換 …………………………………… 236
- **10-4**　論理回路の基本部品 ……………………………………………… 238
- **10-5**　ブール代数 ………………………………………………………… 240
- **10-6**　ド・モルガンの法則 ……………………………………………… 242
- **10-7**　NAND（ナンド）は王様。何でも来い ………………………… 244
- **10-8**　論理回路と真理値表 ……………………………………………… 246
- **10-9**　加算器 ……………………………………………………………… 248
- **10-10** CMOS ……………………………………………………………… 250

おわりに …………………………………………………………………………… 253
索引 ………………………………………………………………………………… 254

　本書は各項目の難易度を 5 段階★★★★★で表しています。著者の独断と偏見だけで勝手につけていますので、あまり参考にしないでください。

13

会員特典データのご案内

　本書では、紙面の都合上、書籍本体の中では紹介しきれなかった内容を、追加コンテンツとして PDF 形式で提供しています。

　会員特典データは、以下のサイトからダウンロードできます。

●入手方法

①以下の Web サイトにアクセスしてください。

　`https://www.shoeisha.co.jp/book/present/9784798152851`

②画面に従って、必要事項を入力してください。無料の会員登録が必要です。

③表示されるリンクをクリックし、ダウンロードしてください。

注意

※会員特典データのダウンロードには、SHOEISHA iD（翔泳社が運営する無料の会員制度）への会員登録が必要です。詳しくは、Web サイトをご覧ください。

※会員特典データに関する権利は著者および株式会社翔泳社が所有しています。許可なく配布したり、Web サイトに転載することはできません。

※会員特典データの提供は予告なく終了することがあります。あらかじめご了承ください。

●免責事項

※会員特典データの記載内容は，本書執筆時点の法令等に基づいています。

※会員特典データの提供にあたっては正確な記述につとめましたが、著者や出版社などのいずれも、その内容に対してなんらかの保証をするものではなく、内容やサンプルに基づくいかなる運用結果に関してもいっさいの責任を負いません。

第1章
電子回路を読み解くための予備知識

　ミクロな世界にいる「電子」はとても不思議な性質をもっています。本章では、不思議な電子の性質を紹介します。

難易度 ★

1-1 ▶ 半導体って何?
～導体、絶縁体、半導体～ 「半」分とは??

　電気が流れるものを導体（どうたい）、流れないものを絶縁体（ぜつえんたい）といいますが、電子回路に使われる材料の主人公は半導体（はんどうたい）と呼ばれるものです。言葉の通り、「半」分だけ「導体」なのです。
　図1.1.1のように、導体には電気が流れ、半導体には電気が少しだけ流れて、絶縁体には電気は流れないということになります。
　では具体的に、どのぐらい流れたら導体で、どのぐらい流れなかったら半導体かというと、厳密には決められていません。図1.1.2に物質の抵抗率（長さ1mで表面積 $1~m^2$ の抵抗値）を示しますが、導体、半導体、絶縁体の区別はおよその目安で、抵抗率で区別されているわけではありません。

図1.1.1：電気を流してみると……

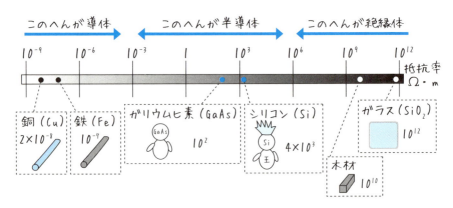

図1.1.2：物質の抵抗率の値

電気がどれぐらい流れるのかということでは、導体と半導体をはっきり区別することはできません。しかし、これをミクロな視点で見ると、話が違ってきます。電子の様子が違うために、導体と半導体は、決定的に異なる構造をもっています。そのために現れる現象を1つ紹介します。

　たとえば、金属（鉄や銅など）は導体です。図1.1.3のように温度を上げていくと、抵抗が大きくなって電気を流しにくくなることが知られています。ところが、図1.1.4のように、シリコンやガリウムヒ素のような半導体では、温度を上げると抵抗が小さくなることが知られています。

　この違いは、物質を原子の構造まで調べることで解明することができます。

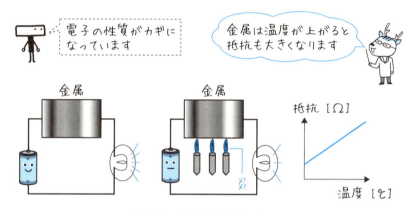

図1.1.3：金属の温度が変わると……

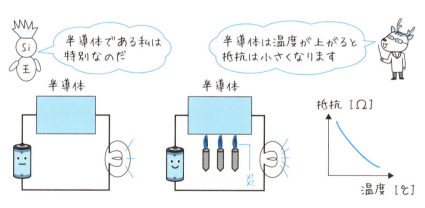

図1.1.4：半導体の温度が変わると……

難易度 ★★

1-2 ▶ 原子の構造
～プラスの原子核とマイナスの電子～

　すべての物質は、これ以上分解できない**原子**（げんし）という最小単位の組み合わせでできています。物質の性質は、ミクロな世界で起こる原子の性質が複雑に組み合わさって、私たちのマクロな世界の現象に現れてきます。ここでまず、原子の構造を紹介しておきます。

　図 1.2.1 は炭素原子の構造を表したものですが、本来はミクロな世界に存在するものなので、実際はこんな形をしているわけではありません。もっと複雑怪奇な構造をしていますが、ここでは原子の中にどんなものが存在しているのか、その基本的な構成要素だけを紹介します。

　原子の中心には、**原子核**（げんしかく）と呼ばれる重たーい中心部分があります。原子核はプラスの電荷をもった**陽子**（ようし）と電荷をもっていない**中性子**（ちゅうせいし）でできています。

　原子は 100 種類以上の存在が確認されていますが、陽子の数を原子番号として分類しています。たとえば、図 1.2.1 の炭素原子は陽子が 6 個あるので原子番号は 6 です。原子核にはプラス電荷の陽子が集まっていますが、同じ符号の電荷なので、互いに反発しないか心配です。それをくっつけているのが中性子の

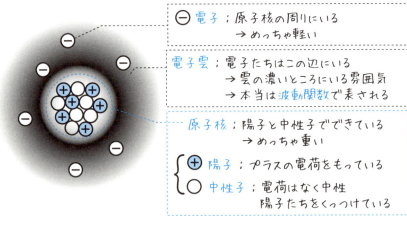

図 1.2.1：原子番号 6 の炭素原子 C の構造（数合わせだけ）

役割です。中性子は、とても強い力で原子核を1つにまとめています。このことは、ノーベル物理学賞を受賞した湯川秀樹博士が最初に立証しました。

次に電子(でんし)ですが、彼らは原子核の周りをうろうろ飛び回っています。どこにいるのか、どんな動きをしているのか、彼らは小さすぎてなかなかとらえることが難しいため、電子雲(でんしうん)という形で、雰囲気で表現されています。後で量子力学の波動関数(はどうかんすう)というものを勉強すると、雲に包まれたような不思議な電子のとらえ方をきちんと理解できるようになります。今は、「そんなもんか」と思うだけで大丈夫です。

電子は1個当たり$-e = -1.602 \times 10^{-19}$ Cという電荷を、陽子は$+e = +1.602 \times 10^{-19}$ Cという電荷をもっています。電子と陽子の電荷は大きさが同じで、符号が違うだけです。原子の中で、陽子と電子の数は同じで、図1.2.3のように、原子1個としてはプラスでもマイナスでもない中性になっています。なお、中性子の数は、いつも陽子と同じ数なわけではありません。電荷の量には関係ありませんが、原子の重さには関係しています。

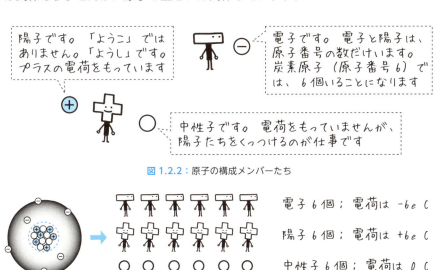

図1.2.2：原子の構成メンバーたち

図1.2.3：原子は全体として中性

難易度 ★★

1-3 ▶ 原子の性質
〜重さ、大きさと調べ方〜

次に、原子の性質を、重さと大きさで理解してみましょう。原子番号が1、つまり陽子が1個、電子が1個の一番小さい水素原子で考えます[*1]。図1.3.1に原子核と電子の重さを書きました。重さに約1900倍もの差があり、原子核がとても重たく、電子がとても軽いことがわかります。動物にたとえると、クジラとリス君の重さほどの違いになります。以上のことから、**電子は原子核よりもはるかに動かしやすい**ことがわかります。

図1.3.1：原子番号1の水素原子Hの重さをイメージしよう

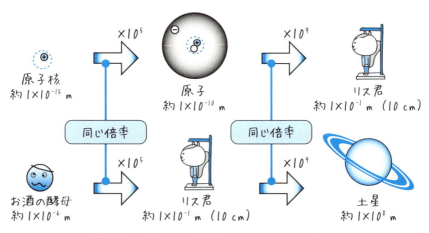

図1.3.2：原子番号1の水素原子Hの大きさをイメージしよう

[*1] 普通の水素原子は中性子がありません。しかし、たまに中性子をもった重たい水素原子も天然に存在していて、**重水素**（じゅうすいそ）と呼ばれています。

次に、大きさを比べてみます。図 1.3.2 に、原子核と原子の大きさを比較してまとめました。原子核は小さく原子は大きいことから、原子核の周りを電子が大きく動いていることをイメージしていただけるでしょうか。

図 1.3.3 は光を使ってリス君と原子を調べている様子です。リス君くらい大きいものに X 線を当てると、X 線が通ったか通らなかったかがはっきり区別できるくらい、大胆に X 線の様子は変化します。ところが、原子くらい小さいものになると、X 線が電子に与える影響が大きすぎるため電子の状態も変わり、出てきた X 線が元の X 線と微妙に違ったものになります。これによって、私たちは原子の構造を推測できます[*2]。

実際、物質の性質は「原子がどう並んでいるか」=「結晶の形で電子がどう動けるか」ということでほぼ決まり、その性質を私たちがマクロな世界で見ることになります。つまり、具体的に物質の性質を理解するためには、「電子の性質」と「結晶の性質」を理解すればよいことになります。

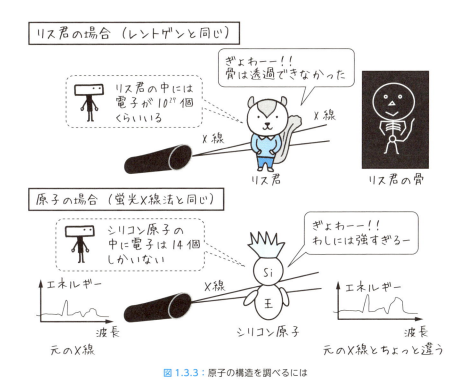

図 1.3.3：原子の構造を調べるには

[*2] とても強いエネルギーを与えると、電子だけでなく原子核の構造を変えることもできますが、原子爆弾を作るときのような話ですので、これについては本書では述べません。

1-4 ▶ 電子の性質(1) 波と粒子の二重性
〜世の中すべて波だらけ〜

　ここから電子の不思議な性質を解説していきます。本書で理解しないといけない電子の性質は、「(1) 波と粒子の二重性」「(2) フェルミ粒子としての性質」の2つです。初めて電子を学ぶ方にとっては何のことやらさっぱりわからないと思いますが、順番に説明していきますので安心してください[*1]。

　ここでは、「(1) 波と粒子の二重性」から解説します。

　波という漢字は、「さんずい」に「皮」と書きます。水がゆらゆらしている皮（表面）のようなもので、要するに柔らかいものです。図1.4.1のように2つの波がぶつかると、重なり合った波ができます。また、2つの波がお互いに影響し合ってより波の高いところと低いところができるととらえ、お互いに干渉し合っているともいえます。これら、重ね合わせと干渉（かんしょう）は、波の基本的な性質です。なお、波の重ね合わせや干渉についての詳細は 5-4 で説明します。

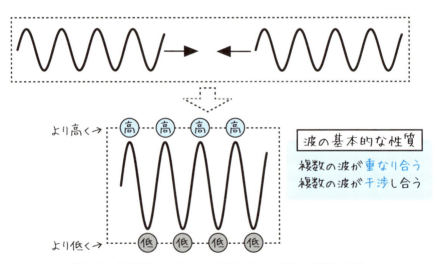

図 1.4.1：波は柔らかい（ぶつかると重なり合ってお互いに干渉し合う）

[*1] 数式を使ってきちんと理解したい方は、(1) は「量子力学」についての書籍、(2) は「統計力学」についての書籍を参照するといいでしょう。

一方、**粒子**（りゅうし）は粒々（つぶつぶ）のことで、つまり硬いものです。電気回路をきちんと勉強された方は、金属が電気を流す説明を、次のように勉強されたのではないでしょうか。

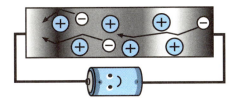

図 1.4.2：粒子は「つぶつぶ」硬いもの

図 1.4.2 のように、金属もたくさんの原子でできていますが、プラスの電荷をもつ原子核は重いので、ほとんど動きません。一方、電子たちは自由に動けるので、**自由電子**（じゆうでんし）と呼ばれています[*2]。

そんな金属に電池をつなぐと、マイナスの電荷をもつ自由電子はプラス極に引き寄せられて加速され、動きます。動き出した自由電子たちは陽子にぶつかる[*3]のでいつまでも加速はせず、電池の電圧に対応した一定の速度に落ち着きます。これを式で表したのが、みんな大好き「オームの法則」です。

この説明は電子を粒子、つまり硬い「つぶつぶ」として扱っているといえます。電気回路で登場するオームの法則の範囲ではその説明で十分です。筆者も、『文系でもわかる電気回路 第 2 版 "中学校の知識"ですいすい読める（翔泳社刊）』では、「電気はつぶつぶ」といい切っています。

ところが、半導体の仕組みを説明するためには電子のミクロな性質をきちんと考えないといけません。そのためには、電子は波と粒子の両方の性質をもっていることを認めないといけません。電子が波の性質ももっているということは、世の中は波だらけということになります（実際そうなのです）。この二重の性質は**波と粒子の二重性**と呼ばれています。

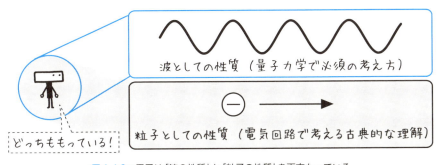

図 1.4.3：電子は「波の性質」と「粒子の性質」を両方もっている

[*2] 正確には逆で、自由電子が存在して電気を流してくれる物質を「金属」と呼んでいます。
[*3] 正確には、**散乱**（さんらん）という現象です。

1-4 ▶電子の性質（1）波と粒子の二重性

難易度 ★★

1-5 ▶ 電子の性質（2）
フェルミ粒子としての性質
～重婚厳禁！～

　ここでもう1つの重要な性質、電子は**フェルミ粒子**[*1]であるということを紹介します。電子だけでなく、陽子や中性子もフェルミ粒子に分類されます。フェルミ粒子である電子は、「1つの粒子は1つの状態しかもてない」という**パウリの排他律**（はいたりつ）を満たします。

　電子の状態は主にエネルギーで区別されます。電子が原子の中に閉じ込められていたり、その原子がたくさん集まったりすると、波である電子は図1.5.1のように端で固定されるような拘束を受けます。すると、端と端の間にできる波の数は（0）、（1）、（2）……のように整数倍になってしまいます。このような波の性質から、エネルギーがトビトビの値しかとれなくなることを**量子化**といいます。また、トビトビのエネルギーの値は**準位**（じゅんい）と呼ばれます。図1.5.1から連想できますが、端と端の間に波がたくさんあるほどエネルギーは高いといえます。

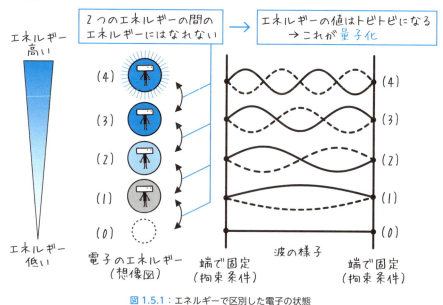

図 1.5.1：エネルギーで区別した電子の状態

[*1] フェルミ先生が考えたものです。詳しくは相対論的量子力学や素粒子論などを勉強するといいでしょう。

電子の状態（波の様子）は、シュレディンガー方程式と呼ばれる難しい式で求められます。**1-7** で水素原子を例にその答えを示しますが、エネルギーが高くなると、波の数が多くなって許される状態の数も増えます。

　波の形とは別に、もう1つ電子の状態を区別するスピンについて説明しましょう。トンネルなどで使われるナトリウムランプが出す光のエネルギーをよく見ると、微妙にエネルギーの違う状態が見える部分があります。このエネルギーの違いは、電子が2種類の違う状態、「上向き」と「下向き」のスピンとして区別されます。「上向き」のスピンは「アップ」、「下向き」のスピンは「ダウン」と呼ばれています。スピンの区別まで含んだ状態は、ディラック方程式という超難しい式を解くと求めることができます。

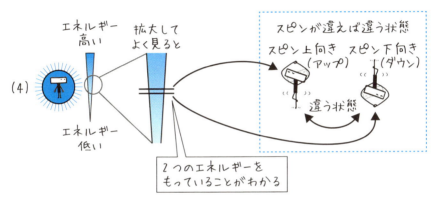

図 1.5.2：スピンで区別した電子の状態

　スピンの区別があることによるエネルギーの違いは小さく、1つの準位にはスピンの上向きと下向きがペアになると思って問題ありません。アップとダウン以外のペアは許されないので、電子は重婚が絶対に許されないとイメージするとよいでしょう。許される状態と許されない状態の例を、図 1.5.3 に示します。

 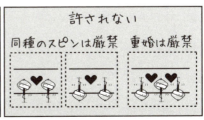

図 1.5.3：許される状態と許されない状態の電子の組み合わせ

1-5 ▶電子の性質 (2) フェルミ粒子としての性質　**25**

1-6 ▶ たくさんの電子の扱い方
～分布で考えます～

　電子の性質がだいたいわかったところで、本節からはたくさんの電子の扱い方を紹介します。固体の中には、たとえば黒鉛（炭）1 g で 10^{23} 個くらい、つまりものすごくたくさんの電子が存在しているので、全部のエネルギー準位について電子の様子を知っておく必要はありません。どの準位にどのくらいの電子が存在しているのかの分布がわかれば十分です。電子の分布は**フェルミ分布**[*1]と呼ばれ、図 1.6.1 のような形になっています。

　エネルギー E にいる電子の個数を $f(E)$ で表し、これをフェルミ分布関数とか、あるいはこの関数自体をフェルミ分布と呼んでいます。温度が絶対零度（－273℃）のときは、電子はエネルギーの低いところから詰まっていき、電子の数だけ準位に入りきったら、それより高い準位には電子がないことになります。そのときの様子は、図 1.6.1 (a) のグラフで表されます。

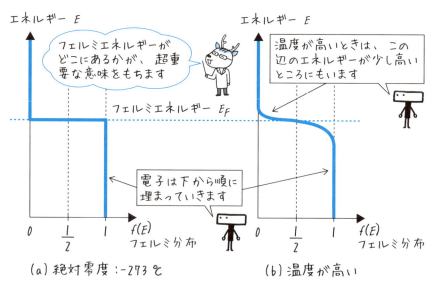

図 1.6.1：電子がたくさん存在するときは分布で考えよう

[*1] フェルミ先生とディラック先生が求めてくれました。詳しい導出は「統計力学」という分野を勉強してください。

$f(E)$ の値が 1 であれば電子が詰まっていて、0 であれば空になっているということです。

このように、温度が絶対零度のときは、電子の存在する準位と存在しない準位がはっきりしています。ところが、温度のエネルギーを電子がもらうと、電子が詰まっていた一番高い準位よりもさらに高いところにも電子が分布することになります。それを表したのが図 1.6.1（b）です。

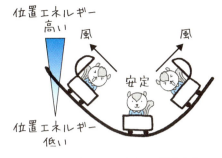

図 1.6.2：風の力により、安定する場所がぼやけている

図 1.6.2 に示す帆のついたトロッコで考えてみましょう。トロッコは外からエネルギーが与えられなければ、安定した谷底にずっといます。しかし風が吹いてトロッコにエネルギーが与えられると、トロッコは谷底から動いて位置エネルギーの高い場所へ移動します。トロッコは谷底に戻ろうとしますが、与えられたエネルギーの分だけ、反対側の高い位置に昇ってしまいます。それを繰り返してトロッコは両側の高いエネルギーの場所を往復し、安定する場所がぼやけてしまいます。

電子の場合も同じく、温度によってエネルギーが与えられると、電子は高いエネルギーにも分布できるようになります。高いエネルギーの電子が増えた分、低いエネルギーの電子が減って分布がぼやけるのです（図 1.6.1（b））。温度が高いほどエネルギーをたくさんもらって分布が広がり、ぼやけが大きくなります。

ところで、電子が高いエネルギーをもつと波の様子も大きく揺らめいた状態になります（図 1.5.1 参照）。図 1.6.2 の高いエネルギーにいるリス君が興奮した表情をしているのはそのためです。

そこで、フェルミ分布関数の値がちょうど 1/2 になるエネルギーを**フェルミエネルギー**（または**フェルミ準位**）といいます。図 1.6.1 のように、このエネルギーは、電子がエネルギー準位の中でどのくらいまで詰まっているのかを表します。電子がたくさん存在すると、この辺まで電子が詰まっているということを表しているだけで、実際の電子のエネルギー準位を表しているわけではありません。フェルミエネルギーに電子の準位があるかどうかが、固体が絶縁体・半導体・導体になるのかを判別する上で超重要になります。

難易度 ★★★★

1-7 ▶ 原子の中の電子たち
〜水素原子が基本です〜

　人類は、100種類ほどの原子が世の中にあることを知っています。それらの原子を分類するために、原子番号（げんしばんごう）を使っています。原子は電子の数と陽子の数が常に同じだけあるので、その数を原子番号にしています[*1]。具体的には図1.7.1のように、水素は1、ヘリウムは2 ……ということにしています。また、陽子数の同じ原子（中性子数は違ってよい）を元素（げんそ）と呼び、古くから元素記号（げんそきごう）という元素を表す記号が使われています。

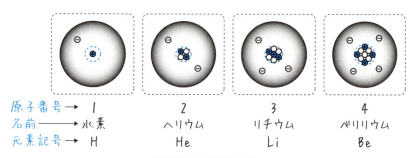

図1.7.1：原子番号の意味

　1-5で学んだように、原子の中にいる電子がもつことのできるエネルギーはとびとびになっています。一番電子の少ない（1つだけ）水素原子の場合、シュレディンガー方程式を解くと[*2]、図1.7.2のような準位をもつことが知られています。電子が1つだけでも複雑です。たくさん準位があるため、それぞれに名前がつけられています。四角で囲まれたグループは下から順番に1、2、3、……と番号がついていて、この番号のことを主量子数（しゅりょうしすう）といいます。主量子数が1つ増えるごとにグループ内の準位も1つずつ増えていき、準位にはs、p、d、f、g、h、i、j、k、……という名前がついています[*3]。

---

*1　陽子をくっつける中性子の数は、簡単な法則では決まりません。
*2　この計算は難しいので、詳しく知りたい方は、量子力学の専門書で「水素原子の波動関数」や「中心力ポテンシャル」のところを参照してみてください。
*3　原子にX線を当てたときに見える光の様子で、sはsharp（シャープ：鋭い）、pはprincipal（プリンシパル：主になる）、dはdiffuse（ディフューズ：広がる）という3つの様子から、命名されました。fのfundamental（ファンダメンタル：基本的な）以降はアルファベット順。この準位の数は「方位量子数」と呼ばれています。

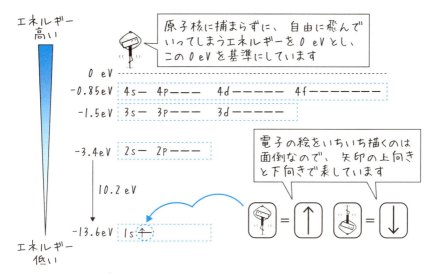

図 1.7.2：水素原子のエネルギー準位

　原子のもつ電子のエネルギー準位の各状態を**軌道**（きどう）といいます。たとえば図 1.7.2 で、一番下の準位は主量子数が 1、この軌道は「1s 軌道」と呼ばれます。水素原子は電子が 1 つだけなので、最もエネルギーの低い 1s 軌道に電子が 1 つついる状態が、最も安定（エネルギーが最低）しているといえます。

　エネルギーの単位は J（ジュール）ですが、ミクロな世界では電子のもつ電荷 $-e = -1.602 \times 10^{-19}$ C に合わせた eV（エレクトロンボルト）がよく使われます。1 V の電位の場所に電子を 1 つもってくるのに必要なエネルギーを 1 eV と決め、これをジュールに換算すると、1 eV $= 1.602 \times 10^{-19}$ J です。図 1.7.2 の通り、水素原子のエネルギー準位は、1s 軌道が -13.6 eV です。そこから $+13.6$ eV 上がったエネルギー（0 eV）は、原子核が電子をとらえられないくらいに高いエネルギー準位ということで、基準とされています。

　エネルギー準位は 1s 軌道が -13.6 eV、2s 軌道が -3.4 eV、3s 軌道が -1.5 eV、……とだんだん間隔が狭くなっていきます。X 線などの光で原子にエネルギーを与えると、この準位の差に対応するエネルギーをもつ光が返ってきます。その光を解析することで、原子の仕組みが解明されてきました。

　もっと大きな原子番号の原子を紹介しましょう。絶縁体である硫黄（S）を図 1.7.3 に、半導体であるシリコン（Si）を図 1.7.4 に、金属であるリチウム（Li）を図 1.7.5 に示します。この 3 つがそれぞれ絶縁体、半導体、金属になる理由は、

1-10 ～ 1-12 にあるバンド理論のところで明らかにします。ここでは、各原子の電子がどんな状態になっているのかだけを図示しておきます。

　図 1.7.3 の硫黄は 16 個の電子をもっています（原子番号 16）。複数の電子が存在するので、水素原子のときとは状況が違います。原子核は 16 個の陽子をもっていますが、原子核から近い軌道の電子が原子核の正電荷を弱め、遠くの軌道の電子は原子核の電荷を弱く感じることになります。つまり、原子核から離れた軌道の電子は自分がより遠くにいるように感じられ、その状態にあるためのエネルギー（エネルギー準位）は高くなります。軌道は s、p、d、f、……という順に原子核から離れて分布している[*4]ため、図 1.7.3 のように各軌道の準位もその順番に並ぶことになります。このことは他の原子でも同じです。図 1.7.3 の硫黄では、16 個の電子を下から順番に詰めていったということになります。

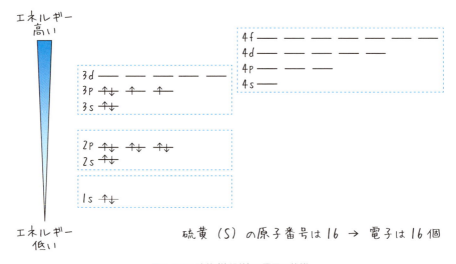

図 1.7.3：硫黄（絶縁体）の電子の状態

　なお、硫黄は 3p 軌道に 4 つの電子を入れることになり、1 つの準位はスピン ↑↓ がペアになり、残り 2 つの準位は電子が 1 つだけになります。図 1.7.3 では両方とも ↑ にしていますが、↑ でも ↓ でもどちらでもかまいません。

　図 1.7.4 のシリコンは原子番号を 14 として、図 1.7.5 のリチウムは原子番号を 3 として、同じように電子を下から詰めていった図です。

[*4]　水素原子についてシュレディンガー方程式を解き、波動関数を求めるとその様子がわかりますが、とても難しいので本書では省略しています。

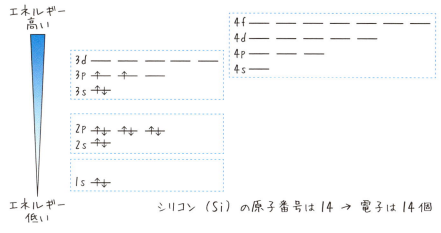

図 1.7.4：シリコン（半導体）の電子の状態

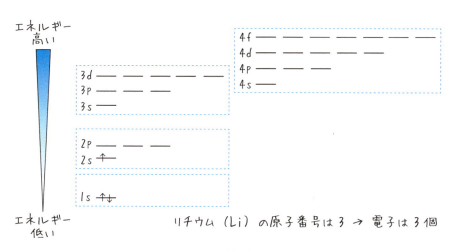

図 1.7.5：リチウム（金属）の電子の状態

1-8 ▶ 周期表
~元素の性質をまとめた血と汗と涙の結晶~

　昔の偉い先生たちは、原子番号順に元素を並べると、何か規則性があることに気がついていました。たくさんの科学者達の努力によって元素の性質を周期をもった表にまとめたものが、図 1.8.1 の**周期表**（しゅうきひょう）です。周期表の列の番号は「族」、行の番号は「周期」と呼ばれています。左上から右下に向かって原子番号順に並べていき、性質の似た元素たちが縦の列にそろうように配置されています。つまり、同じ「族」の元素たちは似た性質をもつことになります。たとえば、第 18 族の He、Ne、Ar などは「希ガス」と呼ばれ、普通の温度や気圧では安定した気体であることが知られています。

　図 1.8.1 では、金属になる元素を ☐ で、非金属（絶縁体か半導体）になる元素を ☐ で表しています。鉄や銅など、当たり前に金属と思っているもの以外にも金属になるものはたくさんありますね。金属になるか非金属になるかの理由を理解するためには、**1-10** のバンド構造のところまで読み進めてください。

　図 1.8.1 の周期表には第 5 周期までの元素を掲載していますが、普通は第 7 周

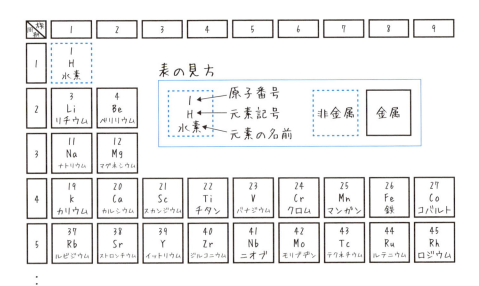

図 1.8.1：周期表

期まで書かれています。あまりに原子番号の大きい元素を電子回路のデバイスに使うことはないので、ここでは省略しました。原子番号が大きいと原子核も当然重たくなり、分裂したりくっついたりする反応が起こり、放射線や大きなエネルギーとなって原子力として使われるようになります。半導体の仕組みを考える上では、図 1.8.1 程度の範囲で十分です。

ここでは、周期の番号が大きい元素は重たいこと、同じ族の元素たちは似た性質をもっていることを頭に置いておきましょう。

なお、この周期表を作る際のポイントは電子の状態です。たとえば図 1.7.4 のシリコン（Si）は、主量子数が一番大きい準位の状態（専門的には「価電子の状態」とか「最外殻軌道」などといいます）を見ると、3s 軌道に電子が 2 つ、3p 軌道に電子が 2 つあります。シリコンと同じ族のゲルマニウム（Ge）の電子状態は、4s 軌道に電子が 2 つ、4p 軌道に電子が 2 つになり、とてもよく似た電子状態になります。このようにして似た性質の元素が同じ族になるように作られたのが、周期表なのです。

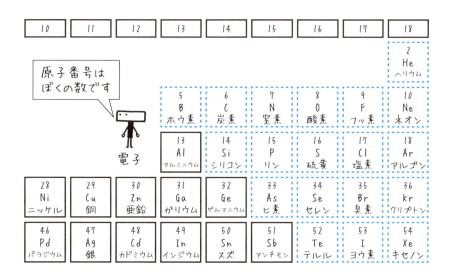

難易度 ★★★★

1-9 ▶ 結晶
〜結合が結晶を作ります〜

　半導体デバイスは、原子がたくさん集まってできた**結晶**（けっしょう）になっています。結晶とは、原子が周期的に並んでできた固体のことです。たとえば図 1.9.1 のように炭素が結晶を作ると黒鉛やダイヤモンドになります。同じ原子からできている物質でも、結晶のでき方によって性質は大きく異なることがわかりますね。

　結晶を作るのは原子と原子の間に**結合**があるからです。まずは一番簡単な水素分子 H_2 の結合を説明します。水素分子 H_2 は水素原子 H が 2 つ結合した状態で気体になっているのが普通ですが、結合の説明が簡単なので例として採用しました。図 1.9.2 は 2 つの水素原子の 1s 軌道を描いたものです。シュレディンガー方程式を解くと、別々の 1s 軌道のエネルギーよりも、水素原子が 1 つずつ電子を提供して 1 つの準位に入ったほうがエネルギーが低く、安定することが知られています。これが原子どうしの結合の源です。

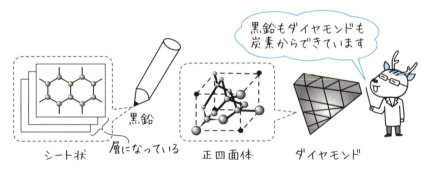

図 1.9.1：炭素原子の並び方が変わると……

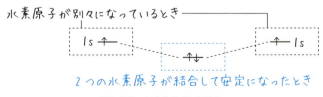

図 1.9.2：水素分子 H_2 の結合

次に、ダイヤモンドと同じ原子の並び方をもつシリコン Si（炭素 C と周期表で同じ第 14 族）を例に、結合のでき方を説明します。図 1.7.4 で示したシリコンの電子状態を思い出しながら図 1.9.3 を見てください。エネルギーが一番高い 3s 軌道と 3p 軌道（最外殻軌道）に合計 4 つの電子があります。シリコンがたくさん集まると、この軌道は図 1.9.3 のように同じ準位に 3s と 3p が混ざる形で軌道を作ります。これは sp^3 混成軌道と呼ばれ、4 つの準位それぞれで 4 つの結合を作ります。水素分子のときと同じく、1 つの結合には 2 つの電子が必要です。シュレディンガー方程式を解くと、シリコン原子の場合も図 1.9.4 のような形の結合を作ることが知られています。

シリコンは結晶の対称性が高いために性能がよく、安くて大量に手に入りやすいため半導体の材料としてよく使われています。そのため、値段が安い割に「半導体の王の中の王」と呼ばれています。

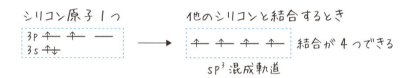

図 1.9.3：シリコンの電子が作る sp3 混成軌道

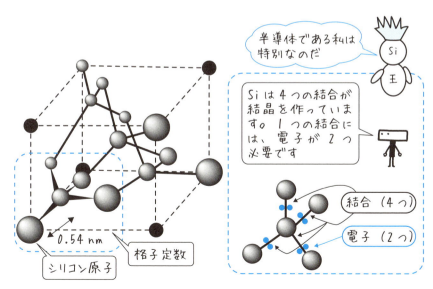

図 1.9.4：シリコンのダイヤモンド構造

難易度 ★★★★★

1-10 ▶ バンド理論（1）金属
～金属・絶縁体・半導体の区別をきちんとしよう～

　バンド理論は物質中の電子をエネルギー順に並べ替えて電気が流れるかどうかを調べる方法です。並べ替えてできた図はバンド構造と呼ばれ、エネルギーのまとまりを帯（おび：バンド）のようなまとまりで考えます。

　ここでは、リチウムが金属であることを電子の状態から説明します。

　図 1.10.1 のように、リチウムは原子番号 3 の元素です。図 1.10.2（a）はリチウム 1 個の電子状態です。3 つの電子が下から順番に 1s に 2 個、2s に 1 個入っています。このリチウム原子が人間の目に見えるくらいたくさん集まって結晶になると、図 1.10.2（b）のような電子状態を作ります。1s どうし・2s どうし・2p どうしというように同じ軌道が重なり合いますが、フェルミ粒子としての性質（同じ状態 = 準位に電子は来ない。1-5 参照）を満たすように、少しずつずれて準位ができます。このたくさんの準位を帯（バンド）としてまとめて観測してエネルギーの様子を調べ、電気を流すかどうかを判断するのがバンド理論です。

　リチウムの場合、1s 軌道の集まりは、電子が完全に詰まった状態になっています。これは、原子核にとらえられた束縛電子に対応していて、缶詰のように中身が詰まって動けない状態を表しています。一方、2s 軌道には電子が 1 個しかないため、2s の集まりには半分しか電子は入っていないことになります。つまり、2s の半分より上は、電子が空っぽの状態ということになります。これは自由電子に対応していて、電池から少しエネルギーが与えられるとすぐ上の空っ

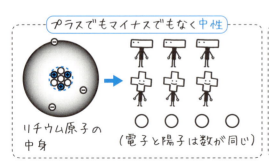

図 1.10.1：リチウム（原子番号 3 の金属）の電子状態

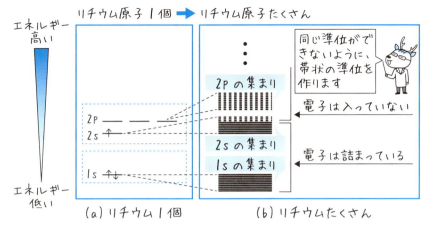

図 1.10.2：「リチウム原子 1 個」と「リチウム原子たくさん」での電子状態

ぽの準位へ飛び移り、自由に動けるようになるのです。

　図 1.10.3（a）はリチウム（Li）に電池をつないだ様子です。リチウムの原子番号は 3 なので 3 つの電子をもっていますが、そのうち 2 つは原子核にとらわれ、1 つは自由に動いています。原子核にとらわれて自由に動けない電子は**束縛電子**（そくばくでんし）、とらわれずに自由に動ける電子は**自由電子**（じゆうでんし）と呼ばれています。

　電子をエネルギー順に並べ替えたものが図 1.10.3（b）です。束縛電子は原子核にとらわれ、プラス（原子核）とマイナス（束縛電子）が打ち消し合った安定した状態で、エネルギーが低いところにあります。自由電子は原子核から離れて自由に運動できるエネルギーが高いところにあります。図 1.10.2（b）や図 1.10.3（b）のような電子のエネルギーの様子を表したものが**バンド構造**です。

　これまではリチウムを例に電気を流す理由をバンド構造で説明してきました。ほかの金属でも電気を流す理由は同じで、ここでは一般的な金属のバンド構造を図 1.10.4 に示して用語の説明をします。

　束縛電子のいる電子が詰まった準位は**価電子帯**（かでんしたい）と呼ばれています。電子がぎっしり詰まっているため、価電子帯の電子は自由に動けません。その上には、原子の性質や結晶の形によって電子の準位が存在しない場所ができます。電子が存在できないところなので、**禁止帯**（きんしたい）または**禁制帯**（きんせいたい）と呼ばれています。禁止帯の幅は**エネルギーギャップ**または**バンド**

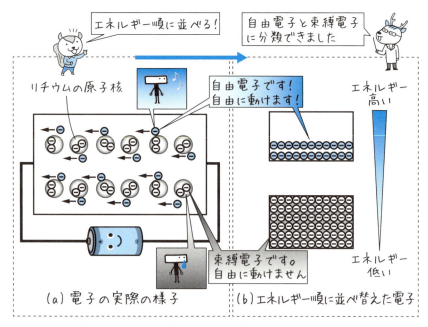

図 1.10.3：リチウム（原子番号 3 の金属）の電子状態とバンド構造

ギャップと呼ばれ [*1]、絶縁体・半導体ではバンドギャップの量が重要になります。禁止帯の上は伝導帯（でんどうたい）と呼ばれる、電子が自由に動ける準位があります。図 1.10.3 のように、エネルギーの一番高い電子よりも上には空っぽの準位しかありませんので、電池からエネルギーをもらうことで電子は簡単に動くことができます。電気伝導（電気を伝えること）を担う電子がいるので、「伝導帯」と名付けられました。

　ここで図 1.10.4 に戻り、フェルミ準位がどこにあるのかを考えてみましょう。**1-6** で説明したように、フェルミ準位とは電子がエネルギーの下からどこまで埋まっているかを表す準位です。図 1.10.4 の場合は伝導帯の中にフェルミ準位があり、そこの電子はすぐ上の準位へ小さなエネルギーで飛び移って自由に動けることがわかります。言い換えれば、フェルミ準位のすぐ上に電子が入る空の準位があれば電気を流す金属であるといえます。

---

*1　年齢・世代が違う人どうしで、共通の話題や言葉遣い、流行歌に時代のずれを感じることを「ジェネレーションギャップ」といいますが、その「ギャップ」と同じ言葉です。

38

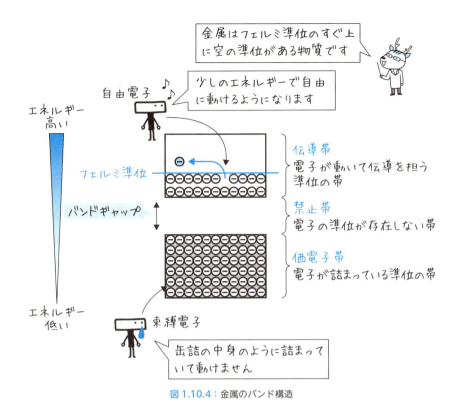

図 1.10.4：金属のバンド構造

1-10 ▶ バンド理論(1)金属

難易度 ★★★★★

1-11 ▶ バンド理論（2）絶縁体
〜金属・絶縁体・半導体の区別をきちんとしよう〜

絶縁体ではバンド構造がどうなっているか、硫黄を例に調べてみましょう。図 1.11.1（a）は原子番号 16 の硫黄に電池をつないだものです。電子は原子核に束縛されており、自由電子がないために電流は流れません。電子をエネルギー順に並べ替えた図 1.11.1（b）でも、伝導帯に電子がいないことがわかります。つまり、硫黄は絶縁体になっていることが（b）のバンド構造からわかります。このとき、フェルミ準位（電子がいるところまでの準位）は価電子帯の一番上にあり、そのすぐ上は禁止帯であるため、電子はエネルギーを与えても価電子帯より上には行けず缶詰になり、自由に動けません。

ただし、禁止帯の幅、バンドギャップを越える強いエネルギーを電池で与えられると、図 1.11.2 のように価電子帯の電子はバンドギャップを越えて伝導帯に上がり、一気に電気が流れることになります。これは<u>ツェナー破壊</u>と呼ばれ

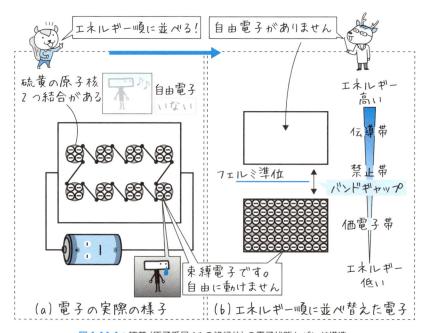

図 1.11.1：硫黄（原子番号 16 の絶縁体）の電子状態とバンド構造

るもので、絶縁体が壊れるときの現象です。

硫黄のバンド構造が図 1.11.1（b）のようになる理由を、図 1.11.3 に示します。図 1.11.3（a）は硫黄 1 個でのエネルギー状態で、電子が 16 個あります。図 1.11.1（a）のように、硫黄は電子を 1 個ずつ出し合って隣の原子核と 2 つの結合を作ります。結合を作る電子は一番エネルギーの高い 3p の電子で、これより上の準位の 3d はエネルギーがもっと高い場所にあることが知られています。このため、図 1.11.3（b）のような 3s・3p と 3d の間にギャップができることになります。硫黄に限らず、価電子帯の上に**バンドギャップができて電子が動けない物質**が**絶縁体**となります。

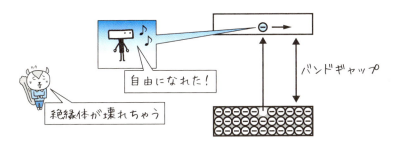

図 1.11.2：ツェナー破壊

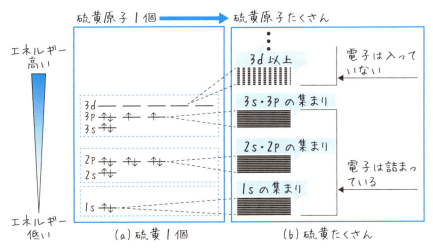

図 1.11.3：「硫黄原子 1 個」と「硫黄原子たくさん」での電子状態

難易度 ★★★★★

1-12 ▶ バンド理論（3）半導体
～金属・絶縁体・半導体の区別をきちんとしよう～

　1-10 で学んだように金属はギャップがなく自由に動ける電子がたくさんある物質、1-11 で学んだように絶縁体はギャップがあって電子が自由に動けない物質です。そのため、金属は電気を流し、絶縁体は流さないものになります。

　ここではその中間である半導体について説明します。中間といっても、バンド構造は絶縁体と同じです。図 1.12.1 はバンド構造を比較したもので、図 1.12.1 (a) は図 1.11.1 で紹介した硫黄のバンド構造です。一方、シリコン (Si) やゲルマニウム (Ge) のような半導体と呼ばれる物質は、図 1.12.1 (b) のように絶縁体と呼ばれる物質よりもバンドギャップが小さいものをいいます。

　どのぐらいギャップが小さければ半導体と呼ばれるかは、厳密には決まっていません。ただ、図 1.12.2 のように、バンドギャップが小さければ常温、つまり通常使用するくらいの温度で与えられる熱エネルギーで、一部の電子がバンドギャップのエネルギー分を飛び越えることができます。つまり、バンドギャッ

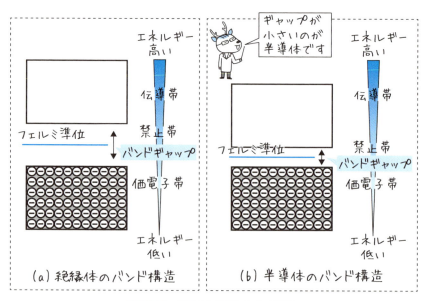

図 1.12.1：絶縁体と半導体のバンド構造

プがあっても少しは電気を運んでくれる電子があるのが半導体です。このことから図 1.12.3 のように、金属は温度が高くなると原子核の熱振動が大きくなって電子が通りにくくなります（温度が上がると抵抗が大きくなる）。また図 1.12.4 のように、半導体は温度が高くなると自由に動ける電子が増えて電流が流れやすくなる（温度が上がると抵抗は小さくなる）という特徴があります。

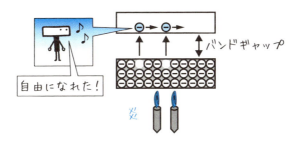

図 1.12.2：半導体は電気を流す程度に電子が動ける

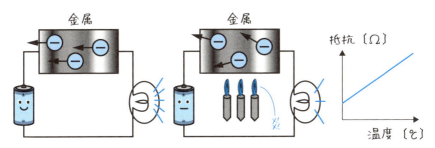

図 1.12.3：金属の温度が高くなると、抵抗は大きくなる

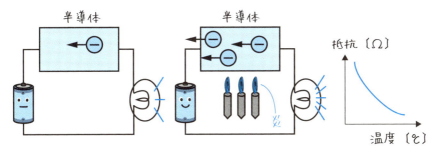

図 1.12.4：半導体の温度が高くなると、抵抗は小さくなる

EXERCISES

第 1 章への演習問題

【1】 電子は「波の性質」と「粒子の性質」のどちらをもっていますか。

ヒント **1-4** 参照

【2】 電気を流す「金属」と流さない「絶縁体」では、バンド構造にどんな違いがありますか。 ヒント **1-10**・**1-11** 参照

【3】 温度が上がると半導体の抵抗は小さくなるのはどうしてですか。

ヒント **1-12** 参照

演習問題の解答

【1】 両方もっている。

【2】 金属はバンドギャップがない。絶縁体はバンドギャップがある。

【3】 半導体はバンドギャップが比較的小さいため、温度が上がると価電子帯の電子の一部が温度エネルギーによって伝導帯にある自由に動けるエネルギーまで持ち上げてくれるため。この動けるようになった電子が電流を運ぶ役割を担い、抵抗は下がる。

COLUMN 「何が金属？」ではなく「どんなとき金属？」が正解

　第 1 章ではバンド理論を簡単に紹介して、いくつかの物質が金属や絶縁体、半導体になる理由を説明しました。ここで注意すべきは、「どんな物質が金属になるか？」という考え方は間違いであるということです。

　私たちはつい、「銅は金属」、「硫黄は絶縁体」というように、こういう物質はこういう性質をもっているという考え方をしがちです。しかし、周期表の元素が組み合わさってできる H_2O という物質は温度が高いとき気体（水蒸気）になり、真ん中くらいの温度だと液体（水）、低い温度だと固体（氷）になることはよく知られています。こういった、同じ物質でも温度や圧力など、周りの環境によって全く違う性質を示すように変化することを「転移」といいます。

　電気を流すかどうかも、実は温度や圧力によって変化します。つまり、バンド構造は物質を構成する原子だけではなく、周りの環境によっても変化するのです。だから、「何が金属なのか？」ではなく、「どんなとき金属なのか？」を考えることが大切です。

第 **2** 章

ダイオード

　ダイオードは電子回路の一番基本的な部品です。2種類の半導体をくっつけただけなのですが、その性質を理解することは他の部品の性質を理解する上でも重要になります。

難易度 ★ ★ ★ ★ ★

2-1 ▶ ドーピング
~ドナーやアクセプタを注入します~

ダイオードの仕組みを説明する前に、半導体の作り方を説明しないといけません。

半導体を作るときにはドーピングが行われます。ドーピングと聞くと、スポーツ競技などでの違法な薬物の投与が連想されますが、半導体の世界ではプラスの電荷やマイナスの電荷を注入する、という意味でドーピングが使われています。

> ▶【ドーピング】
> **真性半導体にプラスやマイナスの電荷を注入すること**

シリコン（Si）のような半導体（単体）は、**1-12** で説明したようにバンドギャップがあるためあまり電気を流しません。そこで、別の物質を注入して電気を流しやすくすることを考えましょう。

図 2.1.1（a）のように、半導体（単体）の中でも純度がとても高く[*1]、あまり電気を流さない本当の半導体を真性半導体（しんせいはんどうたい）といいます。真性半導体に別の物質を注入することをドーピングといいます。ドーピングによってマイナスの電荷が動けるようになった半導体を n 型半導体、プラスの電荷が動けるようになった半導体を p 型半導体といいます。

図 2.1.1（b）の n 型半導体ではマイナスの電荷が動けるようになっているので、電気が流れます。ドーピングで n 型半導体を作るために注入する物質は、ドナーと呼ばれています（名前の理由は **2-2** を参照してください）。

図 2.1.1（c）の p 型半導体ではプラスの電荷が動けるようになっているので、電気が流れます。ドーピングで p 型半導体を作るために注入する物質は、アクセプタと呼ばれています（名前の理由は **2-4** を参照してください）。

[*1] シリコン原子以外に、ゴミやチリ、ホコリなどがほとんど入っていない、本当に純粋なシリコンのことです。現代の技術では、純度 99.99999999% 以上が実現されています。

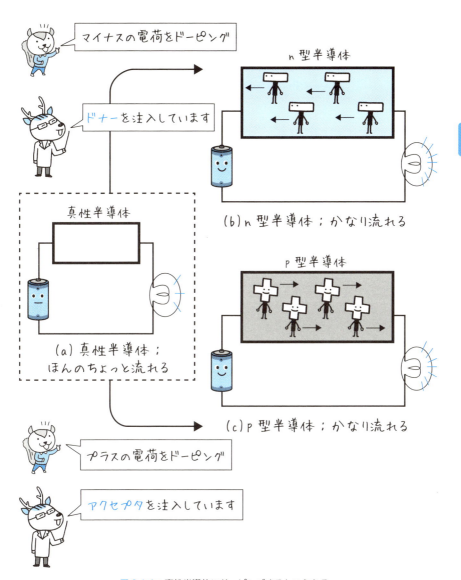

図 2.1.1：真性半導体にドーピングするとこうなる

難易度 ★★

2-2 ▶ n型半導体のでき方
~ドナーから電子を1個もらいます~

▶【n型半導体】
ドナーに電子をもらう。電子がキャリアとして電気を流す

　真性半導体に注入する物質は**不純物**と呼ばれます。n型半導体を作る、マイナスの電荷をもつ不純物は**ドナー**と呼ばれていますが、ここではドナーの名前の由来を説明します。

　まず、不純物のない真性半導体の結晶構造を見てみましょう。図 2.2.1 はシリコンの結晶のでき方をすごく単純に表したものです。**1-9** で説明したように本当はダイヤモンド構造をしていますが、ここでは電子をマル●、結合を1本の線――で表しています。図 2.2.1 (a) はシリコンが結合のために4つ[*1]の電子を使ってる様子、図 2.2.1 (b) は結合がたくさんつながって結晶になった様子を表しています[*2]。

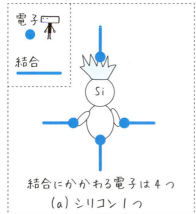
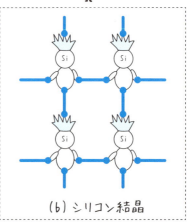

図 2.2.1：シリコンのでき方のイメージ

[*1] 3s 軌道と 3p 軌道には、合計 4 つの電子があります。
[*2] 本当はダイヤモンド構造をしており、図 2.2.1 (b) は結合の様子をわかりやすく描いただけです。

図 2.2.1（b）では、すべての電子が結合を作るという役割を果たしているため、電気を流すために動くことはできません。これが真性半導体がほとんど電気を流さない理由です。

図 2.2.1 のような真性半導体に、電子の数が 1 つ多いリン（P：原子番号 15）をドーピングしてみましょう。リンはシリコンより電子が 1 つ多いので結合にかかわることのできる電子も 1 つ多く、5 つになっています（図 2.2.2（a））。シリコン結晶にリンが少しドーピングされると、図 2.2.2（b）のようにリンがいるところで電子が 1 つあまることになります。このあまった電子が結晶の中を自由に動き回り、電気を流す役割を果たすようになるのです。

図 2.2.2 でのリンのように、真性半導体に電子を提供してくれる物質は**ドナー**（donor：提供する者）と呼ばれます。臓器移植のときに臓器を提供してくれる人をドナーと呼ぶのと同じです。ドナーであるリンはドーピングの前は中性ですが、電子を提供するとその分、プラスに帯電することになります。また、図 2.2.2 での電子のように、半導体中で電気を流す役割を果たすものを**キャリア**（carrier：運ぶ者）といいます。**n 型半導体のキャリアは電子**です。

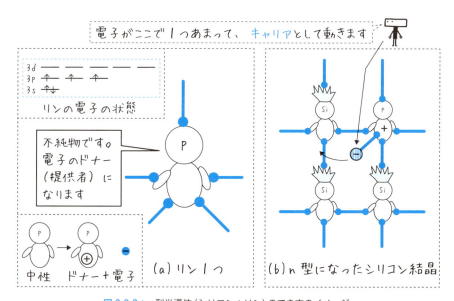

図 2.2.2：n 型半導体（シリコン＋リン）のでき方のイメージ

難易度 ★★★★

2-3 ▶ n 型半導体のバンド構造
～ドナー準位は伝導帯のすぐ下になる～

▶【n 型半導体のバンド構造】
ドナーの準位の電子が伝導帯に行けるようになる

2-2 では図解して n 型半導体が電気をよく流す仕組みを説明しましたが、ここではもっと高度に、バンド構造で理解してみましょう。

図 2.3.1（a）は、純粋なシリコンだけの結晶が結合している様子です。純粋なシリコン結晶では、電子が存在するエネルギーの一番高い 3s と 3p の電子 4 つを、あますことなく全部結合に使っています（sp^3 混成軌道。1-9 参照）。そのために、電圧の力でこれらの電子を動かそうとしても、そもそも結合にすべて使われているため電子は動けず、電流は流れません。

このことをバンド構造で示したのが図 2.3.1（b）です。価電子帯の電子は、1s・2s・2p・3s・3p の電子を表しています（図 1.7.4 も参照）。シリコン結晶では結合によって安定した状態が作られるため、sp^3 混成軌道のエネルギー準位は

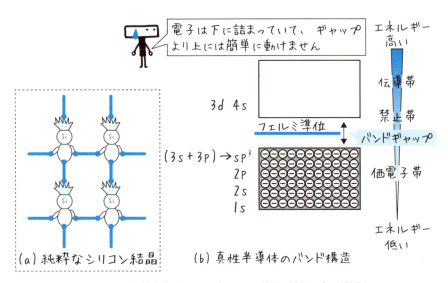

図 2.3.1：真性半導体（シリコン）のときの結晶の様子とバンド構造

安定して低いエネルギーになります。その上にある電子が存在しない 4s や 3d 軌道（伝導帯）とエネルギーにギャップができるのです。これがバンドギャップ（禁止帯）になります。バンドギャップのために、純粋なシリコン結晶（真性半導体）は電気を流さないのです。

　図 2.3.2（a）はドナーを与えて n 型になったシリコン結晶の様子です。ドナーによって与えられた電子が電圧の力で動けるようになり、電流を流すようになります。このことをバンド構造で説明したものが図 2.3.2（b）です。ドナーであるリン（P：原子番号 15）が与えた電子は結合に関係しないため、全く別のエネルギー準位を作ります。このドナーが与えた電子の準位を**ドナー準位**といいます。リンを加えた場合のドナー準位は伝導帯のすぐ下になります。そこに電圧を加えてエネルギーを与えると、ドナー準位の電子は電子のいない準位（伝導帯）のエネルギーへ簡単に持ち上げることができるため、この電子がキャリアとして電流を流してくれることになるのです。

　真性半導体のフェルミ準位は、「価電子帯の一番上」と「伝導帯の底」の真ん中あたりでした。ドナー準位ができることで、n 型半導体のフェルミ準位は「ドナー準位」と「バンドギャップの中央」の間となり、注入するドナーの量によって決まります。

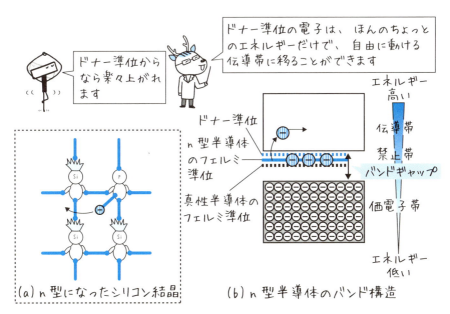

図 2.3.2：n 型半導体（シリコン＋リン）のときの結晶の様子とバンド構造

難易度 ★★

2-4 ▶ p型半導体のでき方
～電子が1つ足りません～

▶【p型半導体】
アクセプタが電子を受け取って、ホール（正孔）が動く

　p型半導体を作るときは、図2.4.1のように電子が1つ少ない不純物をドーピングします。図2.4.1（a）のホウ素は原子番号が5で、2sと2pの軌道に電子が3つあり、シリコン（電子4つ）に比べると、電子が1つ少ないことがわかります。

　図2.4.1（b）は、シリコンの結晶にホウ素をドーピングした様子です。ホウ素が存在するために、電子が1つ足りません。そこで、ホウ素が電子を受け取って自分自身がマイナスになり、電子の不足分を補います。電子が抜けた場所はプラス電荷となり、穴が空いたような状態になるので、**ホール**（hole：穴）や**正孔**（せいこう：プラスの電荷をもった穴）と呼ばれています。正孔は結晶の中を自由に動き、電気を流す働きをします。このことから、**p型半導体のキャリアはプラスの電荷をもった正孔**になることがわかります。

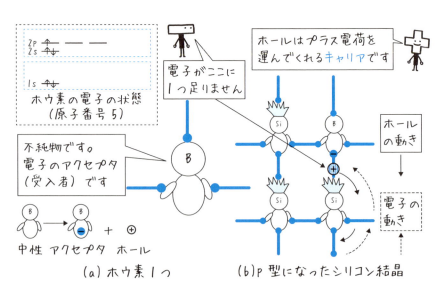

図 2.4.1：p型半導体（シリコン＋ホウ素）のとき

ここでのホウ素のように、電子を受け取ってホールを出す物質を**アクセプタ**（acceptor：受け取る者）といいます。アクセプタであるホウ素はドーピングする前は中性ですが、電子を受け取ってホールを出すと、その分、マイナスに帯電することになります。

　図 2.4.2 は、ホールが電気を流す仕組みをイスを使って説明したものです。（あ）のように電子がたくさんのイスに座っていて、1 席だけ空いている（ホールになっている）としましょう。電池をつなぐと電子はプラス極のほうに引き寄せられるので（い）→（う）というように、空席が左に動いたように見えますね。この一連の流れは、（え）のようにプラス電荷が左に動くと考えても同じなので、**ホールはプラスの電荷をもっている**といえます[*1]。

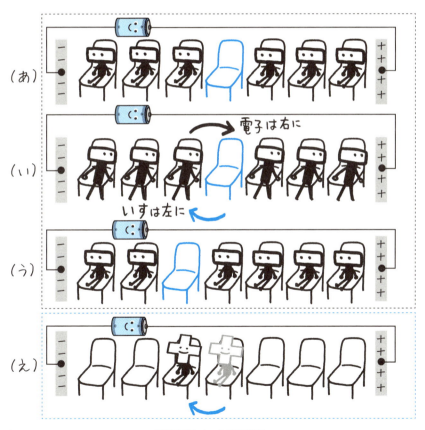

図 2.4.2：ホールの動き方

[*1] （う）のすべてのイスに、プラスの電荷を加えてみてください。マイナスがあるところにプラスが足されると空席になり、空席だったところにはプラスの電荷が現れます。

難易度 ★★★★

2-5 ▶ p型半導体のバンド構造
~アクセプタ準位は価電子帯のすぐ上になる~

▶【p型半導体のバンド構造】
アクセプタの準位に価電子帯の電子が入り、価電子帯にホールができる

2-3 ではn型半導体のバンド構造を説明しましたが、ここではp型半導体のバンド構造を説明します。図2.5.1（a）はシリコンにホウ素をドーピングして、p型になったときの結晶の様子です。ホウ素原子が作る3つの結合ではシリコンの4つの結合に足りないため、マイナスの電子を1つ受け取ってプラスのホールを1つ出しています。

このことをバンド構造で表したのが図2.5.1（b）です。ホウ素がアクセプタと

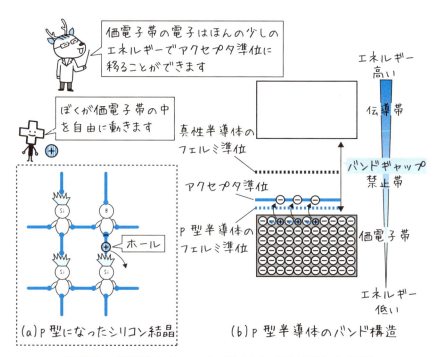

図 2.5.1：p型半導体（シリコン＋ホウ素）のときの結晶の様子とバンド構造

して受け取った電子は、結合にかかわるために sp³ 混成軌道、つまり価電子帯の一番上にとても近い準位になります。このアクセプタが受け取る電子の準位は<u>アクセプタ準位</u>と呼ばれています。

　価電子帯の一番上の準位とアクセプタ準位はとても近いため、ほんの少しのエネルギーを電圧で与えることで、価電子帯の一番上の電子はアクセプタ準位に移ることができます。価電子帯の一番上の電子がアクセプタ準位に移ると、電子の抜けた準位は空になり、これがホールになってプラスの電荷をもつことになります。価電子帯には電子がたくさん詰まっていますが、正孔は「穴（あな）」が空いている場所として、**2-4** の空席の移動のように電圧をかけることで自由に動くことができるようになります。この正孔がキャリアとなって電流を流す役割を担うのです。

　p 型半導体のフェルミ準位を考えてみましょう。真性半導体のフェルミ準位は「価電子帯の一番上」と「伝導帯の底」の真ん中あたりでした。p 型半導体の場合、アクセプタ準位ができることで、フェルミ準位は「バンドギャップの中央」と「アクセプタ準位」の間となり、注入するアクセプタの量によって決まります。

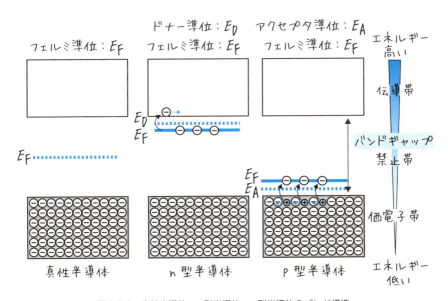

図 2.5.2：真性半導体・n 型半導体・p 型半導体のバンド構造

難易度 ★★★★

2-6 ▶ pn 接合 = ダイオード
～くっつけると空乏層ができます～

> ▶【pn 接合】
> p 型半導体と n 型半導体をくっつけたもの。これがダイオード

　ダイオードとは、n 型半導体と p 型半導体をくっつけた部品のことです。n 型半導体と p 型半導体をくっつけることを pn 接合といいます。

　図 2.6.2 は、pn 接合をした様子です。右側の n 型半導体にはキャリアとして電子がたくさん存在し、左側の p 型半導体にはキャリアとして正孔がたくさん存在します。接合している部分（破線で囲んだ部分）を考えると、プラスとマイナスが打ち消し合い、中性になってキャリアがいない部分ができます（図 2.6.1）。そこは何もない場所という意味で、空乏層（くうぼうそう）と呼ばれています。

　空乏層には電気を運ぶ働きをするキャリアがいないので、そのままでは電気を流さない絶縁体になります。ところが、電圧を加えて n 型半導体、p 型半導体にいるキャリアそれぞれの状態を変えると、電気を流したり流さなかったりする面白い働きをするようになります（詳細は次節以降で説明します）。

　ダイオードは pn 接合でできた部品ですが、いちいち n 型半導体、p 型半導体を描くのは面倒です。そこで、図 2.6.3（a）に示す現物のダイオードは図 2.6.3（b）の図記号で表現します。p 型半導体側の電極を A（アノード）[*1]、n 型半導体側の電極を K（カソード）[*2] といいます。

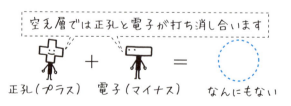

図 2.6.1：空乏層の様子

[*1] アニオン（マイナスイオン：マイナスに帯電したアクセプタ）をもった端子という意味。
[*2] カチオン（プラスイオン：プラスに帯電したドナー）をもった端子という意味。

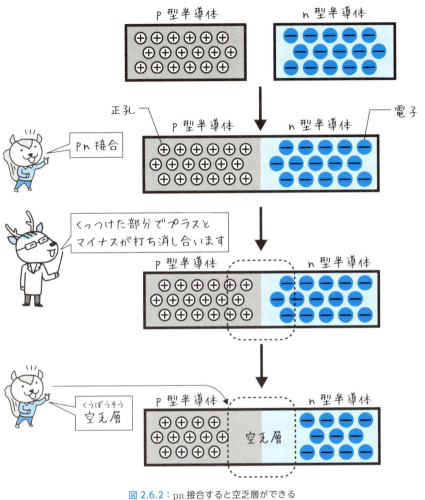

図 2.6.2：pn 接合すると空乏層ができる

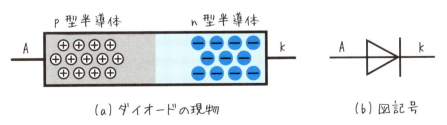

(a) ダイオードの現物　　　(b) 図記号

図 2.6.3：pn 接合してできた部品がダイオード

2-6 ▶ pn 接合 = ダイオード

難易度 ★★★★

2-7 ▶ pn 接合のバンド構造
～基本が一番難しい～

▶【pn 接合では】
p 型と n 型のフェルミ準位がそろう

　ダイオード、つまり pn 接合の仕組みをバンド構造で理解してみましょう。ここを理解できれば、本書は楽に読み進められますよ！

　図 2.7.1（a）は pn 接合の実物を、（b）はバンド構造を表しています。p 型半導体はアクセプタ準位が価電子帯のすぐ上にあって、価電子帯の一番上に正孔（ホール）を提供しています。これが、正孔がキャリアになる理由でした。一方、n 型半導体はドナー準位が伝導帯のすぐ下にあって、伝導帯の一番下に電子を提供しています。これが電子がキャリアになる理由でした。これら 2 種類の半導体をくっつけると、（b）の右側のようにそれぞれのフェルミ準位が同じになるように [1]、他の準位が上下してくっつきます。空乏層があるところで、フェルミ準位以外のエネルギー準位が曲がっていますね。

　このバンド構造のために、ダイオードがそのままでは電流を流さないことを説明しましょう。図 2.7.2 は、n 型半導体のキャリアである電子が左側には行けないことを示しています。pn 接合がなければ自由に動けるキャリアの電子は、p 型半導体の伝導帯のエネルギーが高く、越えられない壁があるように感じられます。その差を越えるエネルギーが外から与えられない限り、n 型半導体のキャリアは左側に移動できません。

　正孔でも同じことが起こります。図 2.7.3 で p 型半導体のキャリアである正孔が右に移動するためには、n 型半導体の価電子帯の電子が正孔と入れ違いに左へ移動する必要があります。ところが、価電子帯の電子はエネルギー差を乗り越えられないので左へ移動できず、正孔は右へ移動できません。

---

[1] たくさんの電子をエネルギーの低い準位から詰めていったとき、電子が入るところと入らないところの間を表すエネルギーがフェルミ準位です。位置によってフェルミ準位を変えるには外からエネルギーを与える必要があります。逆に電子に外からエネルギーが与えられずに安定状態になっていると、フェルミ準位は位置によらず、一定になります。湖の水面が、底の深さが違っても（風や月の引力がなければ）同じ高さで広がるような感じです。

n型半導体でもp型半導体でも、キャリアは自由な方向に動くことができます。ところがpn接合でできたダイオードはキャリアの移動できる方向が制限されます。これは **2-8** で説明する整流作用の基礎となる現象です。

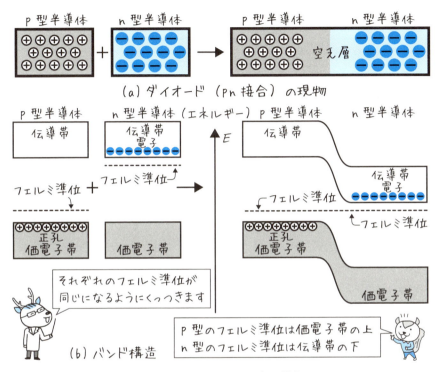

図 2.7.1：pn接合の現物とバンド構造

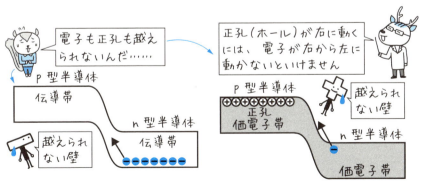

図 2.7.2：電子の気持ち　　　　図 2.7.3：正孔の気持ち

難易度 ★★★★★

2-8 ▶ 整流作用とバンド構造
〜これがダイオードの基本動作です〜

▶【整流作用】
電流を一方通行に流す働きのこと

　ダイオードの基本的な役割は電流の流れる向きを一方通行にする整流作用（せいりゅうさよう）です。図 2.8.1 はダイオードの整流作用を図解したもので、ダイオードに何もしていないときは、(a) のように空乏層ができます。

　そのダイオードに、(b) のように p 型（アノード）に電池のプラス極、n 型（カソード）に電池のマイナス極をつないでみます。p 型にいるキャリアの正孔はプラス極の反発に合い右側へ、n 型にいるキャリアの電子はマイナス極の反発に合い左側へ移動します。すると空乏層がどんどん減っていき、最終的になくなります。すると、正孔はいくらでも右側へ、電子はいくらでも左側へ移動できるようになり、電流が流れて電球が光ります。(b) の向きは電流が流れるので、順方向と呼ばれています。

　次に、(c) のように p 型（アノード）に電池のマイナス極、n 型（カソード）に電池のプラス極をつないでみます。p 型にいるキャリアの正孔はマイナス極に引き寄せられて左側へ、n 型にいるキャリアの電子はプラス極に引き寄せられて右側へ移動します。すると空乏層は広がる一方で、電流は全く流れません。(c) の向きは電流を流さないので、逆方向と呼ばれています。

　つまり、順方向・逆方向で電流の様子が全く異なることがわかりました。そのことを回路図で表したのが図 2.8.2 です。ダイオードの図記号の矢印は電流を流す方向と同じなので、覚えやすいですね[*1]。

　図 2.8.3 は整流回路と呼ばれ、整流作用の一番わかりやすい応用例です。入力に交流電源を用いると、電源のプラス・マイナスが交互に入れ替わります。ダイオードによって順方向の瞬間は電流を流しますが、逆方向の瞬間は電流を流しません。よって電球には常に同じ向きの電流が流れます。このように、ダイオードは電流の向きを整える働き、「整流作用」があるのです。

*1　本当の図記号の意味は違います。初めてダイオードが発明されたときは pn 接合に鉱石が使われており、その際の鉱石を針でつついて pn 接合を作る様子を図記号で表しました。

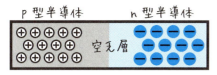
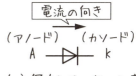

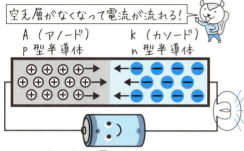
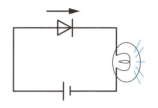

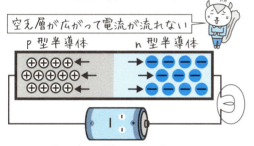
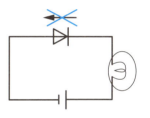

図 2.8.1：ダイオードの整流作用の図解　　図 2.8.2：回路図で整流作用

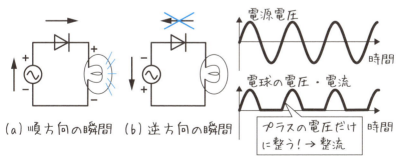

図 2.8.3：整流回路の働き

▶【電圧を加えると】
フェルミ準位がずれる

　ダイオードが整流作用をもっていることがわかったところで、バンド構造を使って整流作用の原理を正確に解き明かしてみましょう。図 2.8.4 に、ダイオードに（a）何もしていないとき、（b）順方向に電圧を加えたとき、（c）逆方向に電圧を加えたとき、の回路図とバンド構造を示します。（a）の何もしていないときを基準に、（b）と（c）を比べていきましょう。

　（b）の順方向に電圧を加えたときは、A（アノード）の p 型半導体にプラス極が、K（カソード）の n 型半導体にマイナス極がつながることになります。このとき、p 型半導体のフェルミ準位（アクセプタ準位）と n 型半導体のフェルミ準位（ドナー準位）がどうなるかを考えてみましょう。繰り返しますが、フェルミ準位は電子が詰まっている中で一番上の準位なので、マイナスの電荷をもった電子のエネルギーを表しています。図 2.8.5 を見ると、プラス極が接続された p 型半導体では、マイナスの電子はプラス極によってエネルギーが安定することがわかります。つまり、フェルミ準位（アクセプタ準位）は安定化して下がります。逆に、マイナス極が接続された n 型半導体では、マイナスの電子はマイナス極によってエネルギーが不安定になることがわかります。つまり、フェルミ準位（ドナー準位）は上がります。

　以上より、図 2.8.4（b）の順方向に電圧を加えたときは、p 型半導体のアクセプタ準位が下がって n 型半導体のドナー準位が上がることがわかりました。他の準位もそれに合わせてずれるとすれば、図 2.8.4（b）のように p 型半導体と n 型半導体で伝導帯・価電子帯の準位が近くなり、ついには p 型半導体の正孔と n 型半導体の電子は反対側へ動けるようになるのです。これが、空乏層が消滅してダイオードが電流を流すことの、より正確な説明になります。また、空乏層が消滅するとき、両側からどんどん供給される電子と正孔は、結合して消滅します（**5-1** 参照）。

　図 2.8.4（c）の逆方向に電圧を加えたときは、（b）とは逆のことが起こります。p 型半導体のアクセプタ準位が上がって、n 型半導体のドナー準位が下がります。すると、伝導帯どうし・価電子帯どうしのエネルギーの差はさらに大きくなり、空乏層が広がります。このとき、ダイオードに電流は流れません。

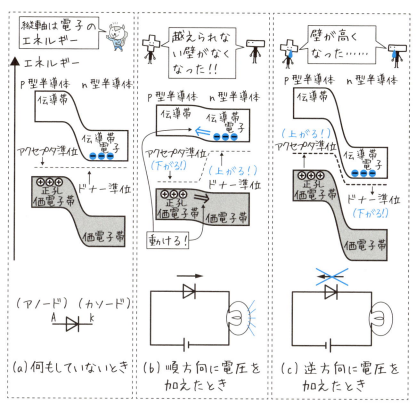

図 2.8.4：整流作用をバンド構造で理解する

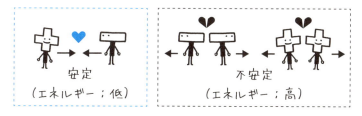

図 2.8.5：電圧によってエネルギーが上下するときの考え方

2-8 ▶整流作用とバンド構造

難易度 ★★★

2-9 ▶ ダイオードの電圧電流特性
〜これが電子回路の難しいところ〜

▶【ダイオードの電圧電流特性】
非線形になります

　抵抗やダイオードといった部品の電圧と電流の関係のことを、**電圧電流特性**（でんあつでんりゅうとくせい）といいます。抵抗の場合は、電気回路で学ぶオームの法則が電圧電流特性を表しています。図 2.9.1 のように抵抗 R〔Ω〕にいろいろな電圧 V〔V〕を加えたときの電流 I〔A〕を測定すると、図 2.9.2 のような関係が得られます。電圧と電流の関係は直線で示され、式で表すと次のようになります。

$$V = RI \quad \text{または} \quad I = \frac{V}{R}$$

　電圧 V〔V〕の値がプラスでもマイナスでも、この関係はそのまま成立します。このように、グラフが直線になる関係を**線形**（せんけい）といい、電気回路で扱う回路のほとんどは線形になる関係でした。

　ところが、ダイオードの場合はそうはいきません。図 2.9.3 のようにしてダイオードの電圧電流特性を測定したものを、図 2.9.4 に示します。抵抗のときと全く違う形をしていますね。ダイオードの電圧電流特性のように、まっすぐでない関係を**非線形**（ひせんけい）といいます。

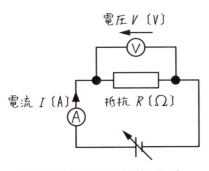

図 2.9.1：抵抗の電圧電流特性の測り方

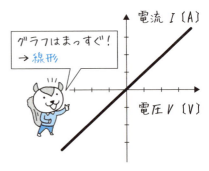

図 2.9.2：抵抗の電圧電流特性

電子回路の大きな特徴は、部品に半導体を使っているために非線形な関係がたくさん登場することです。

　図 2.9.4 の電圧電流特性を詳しく見てみましょう。逆方向に電圧を加えたときはほとんど電流は流れていません。一方、順方向に電圧を加えると、小さな電圧を加えただけでも大きな電流が流れます。これは、ダイオードの整流作用を表しています。

　どのぐらいの順方向電圧で電流が流れ出すかは、半導体材料のバンドギャップによって決まります。シリコンの場合は 0.6 V～0.7 V 程度、ゲルマニウムの場合は 0.4 V 程度、発光ダイオードの場合は 2 V 程度だと知られています。

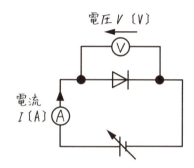

図 2.9.3：ダイオードの電圧電流特性の測り方

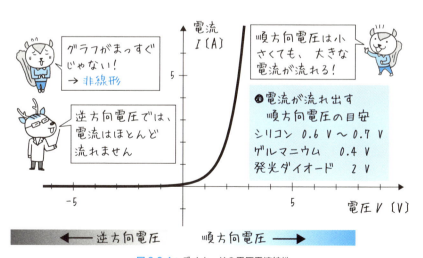

図 2.9.4：ダイオードの電圧電流特性

難易度 ★★★

2-10 ▶ 逆電圧
〜壊して使うことができる〜

▶【ダイオードに大きな逆電圧を加えると】
壊れますが使えます

　ダイオードの整流作用にも限界があります。図 2.10.1 のように、逆方向に大きな電圧を加えると、－20 V くらいで大きな逆方向の電流を流すようになります。整流を目的としたダイオードでは「壊れた」ことになりますが、別の使い道もあります。一定の電圧でいくらでも電流を流してくれるので、電圧を一定にさせる回路が欲しいときにわざと大きな逆電圧を加えて使用します。一定の電圧を保つために設計されたダイオードは、ツェナーダイオードやアバランシェダイオードと呼ばれています。

　名前の由来はツェナー効果と雪崩です。ツェナーダイオードでは、図 2.10.2 のようなツェナー効果が起こっています。ドーピングされた電子や正孔がたくさん存在するときに高い電圧が加わると、ごく一部の価電子帯の電子はトンネルを潜り抜けるように伝導帯へ移ることができます。これは、量子力学でいうトンネル効果と呼ばれる現象で、電子が波の性質も備えていることから、波が壁を染み出すように潜り抜けることができることに由来しています。

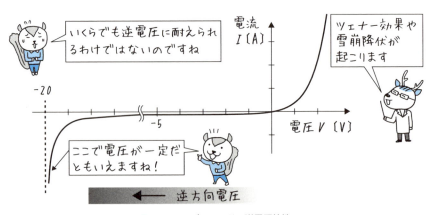

図 2.10.1：ダイオードの逆電圧特性

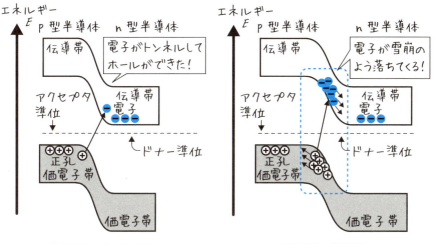

図 2.10.2：ツェナー効果　　図 2.10.3：雪崩降伏

アバランシェダイオードでは、図 2.10.3、図 2.10.4 のような**雪崩降伏**（なだれこうふく）が起こっています。アバランシェ（avalanche）とは雪崩のことで、ドーピングされた電子や正孔があまり存在しないときに雪崩降伏は起こります。

ものすごく高い電圧が加わると、ごく一部の電子が中性だった半導体原子（シリコンなど）に

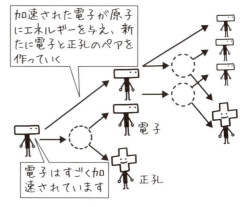

図 2.10.4：雪崩降伏の詳細

ぶつかり、電子と正孔のペアを作ります。自由に動ける電子がさらに中性の原子にぶつかり、再度電子と正孔のペアを作ります。このように自由に動ける電子と正孔のペアがどんどん生まれて雪崩のように電流を流すので、雪崩降伏というのです。

一般的にツェナーダイオードは低い電圧、アバランシェダイオードは高い電圧を一定にさせるために使われます。

EXERCISES

第 2 章への演習問題

【1】 n 型半導体の中にいるドナーは電気的にプラス・マイナス・中性のどの状態になっていますか。　　　　ヒント **2-2** 参照

演習問題の解答

プラスの電荷をもっている。

【解説】注入するドナー原子はもともと中性になっている。中性のドナーを半導体に注入すると、ドナー原子は電子（マイナス電荷）を出して自分自身はプラスの電荷をもつことになる。

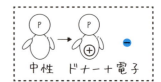

COLUMN　これはダイオード？

下図のように、p 型半導体と n 型半導体を電線でつないだものはダイオードとして動作するでしょうか。ただし、電線と p 型・n 型半導体との間は電流を流すものとします。

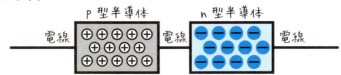

答えは NO! です。間に電線（金属）が挟まっていると空乏層ができないため、電流がどちらの方向にも流れてしまいます。ダイオードとして動作するためには、金属を間に挟まない pn 接合を作る必要があります。ただし、電線（金属）と半導体の間にショットキーバリアというものがあると、ショットキーバリアダイオードが 2 つ逆向きに直列につながることになり、電流を流さなくなります（詳しくは **5-8** 参照）。

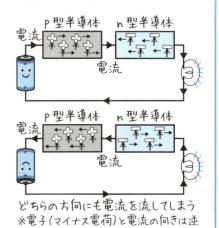

どちらの方向にも電流を流してしまう
※電子（マイナス電荷）と電流の向きは逆

第 3 章

トランジスタ

　トランジスタは「増幅作用」をもつ、とてもありがたい部品です。増幅作用の恩恵を受けるためにも、本章でトランジスタの仕組みや性質をきちんと理解しましょう。

難易度 ★

3-1 ▶ トランジスタはハンバーガー構造
～3本足の魔法使い～

　トランジスタは小さな信号を大きくするという増幅作用（ぞうふくさよう）をもった装置です。1947年、アメリカのベル電話研究所にいた、バーディーン、ブラッテン、ショックレーが発明して、すぐに世界中の注目を浴びました。トランジスタの増幅作用はたちまちラジオやテレビなど、ほぼすべての電気製品で使われるようになり、電気工学の発展に大きく貢献しました。

　3人は1956年にノーベル賞を受賞しています。この発明をきっかけに半導体関連の技術は目覚ましく発展し、エサキダイオード（1973年江崎受賞）、IC（2000年キルビー受賞）など、多くの進歩につながりました。

　トランジスタの役割を簡単に表したのが図3.1.1です。小さな入力信号を大きく増幅させる働きを示しています。このとき、トランジスタ単体では増幅を実現できず、電池のような電源、つまり外部からのエネルギーの供給が必要なことを忘れないでください。

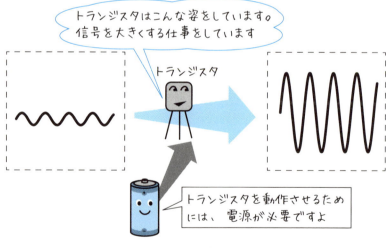

図 3.1.1：トランジスタの役割

▶【トランジスタ】
npn か pnp でできたハンバーガー

　トランジスタは、ハンバーガーのような構造になっています（図 3.1.2）。(a) は npn 型トランジスタといって、n 型半導体で p 型半導体を挟んだものです。(b) は pnp 型トランジスタといって、p 型半導体で n 型半導体を挟んだものです。3 本の電極にはそれぞれ名前がついていて、**E（エミッタ）、B（ベース）、C（コレクタ）** と呼ばれ、**B はとても薄く作られています。**

　対応する図記号を図 3.1.2 の囲みの中に示します。トランジスタには 3 本の足があるので、発明された当時、「3 本足の魔法使い」などと呼ばれていました。

　図 3.1.2 では、トランジスタの構造をハンバーガーにたとえましたが、ここで気をつけていただきたいのは、ハンバーガーのパンは上側と下側で厚みやゴマの有無などに違いがあることです。トランジスタも同じで、挟む半導体に違いがあります。**エミッタのほうがコレクタよりもたくさんドーピングをして、キャリアがたくさん存在**するように作られています。実際、図 3.1.2 (a) の npn 型トランジスタでは、エミッタの電子のほうがコレクタの電子よりも多く描かれています。

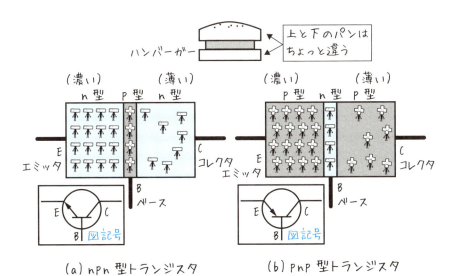

図 3.1.2：トランジスタの足の名前と図記号

難易度 ★★

3-2 ▶ 足の名前の由来
～3本の足には役割にちなんだ名前がついています～

> ▶【足の名前の由来】
> ・E（Emitter・エミッタ）：放出するもの
> ・B（Base・ベース）：土台、出発点
> ・C（Collector・コレクタ）：集めるもの

　図3.2.1はnpn型トランジスタが動作していないときの様子です。エミッタとベースの間にはpn接合で空乏層があり、ベースとコレクタの間にもpn接合で空乏層があります。このとき、エミッタとコレクタの間に電圧を加えても、空乏層があるために電流は流れません。

　そこで、図3.2.2のように、ベースとエミッタのpn接合をダイオードでいう順方向になるよう電圧を加えてみます。すると、ダイオードと同じようにベースからエミッタに正孔（ホール）が、エミッタからベースに電子が移動して電流が流れます。そのとき、エミッタにはキャリアである電子がたくさんドーピングされ、かつベースはとても薄く作られているため、コレクタにつながっているプラス極がエミッタの電子を引き寄せ、ベースを貫通させてしまいます。つまり、エミッタからコレクタに電子が通り抜けるのです。

　このため、エミッタは電子を「放出する」足、コレクタは電子を「集める」足と、英語で名付けられました。そしてベースに電流を流すことでコレクタとエミッタの間に電流が流れることから、ベースは「土台・出発点になる」足という意味で名付けられました。

　このことから、トランジスタのベースに電流が流れるとコレクタからエミッタへも電流が流れることがわかります。トランジスタのベース、エミッタ、コレクタに流れる電流は、それぞれベース電流 I_B〔A〕、エミッタ電流 I_E〔A〕、コレクタ電流 I_C〔A〕と呼ばれています[*1]。

　pnp型トランジスタの場合はキャリアが正孔に置き換わり、電池や電流の向きが逆向きになるだけで、npn型トランジスタと動作の仕組みは同じです[*2]。

[*1]　電子はマイナス電荷をもつため、電子の流れる向きと電流は逆向きになることに気をつけましょう。
[*2]　一般的にホールは電子より有効質量が重いため、pnp型トランジスタは高速な動作には向いていません。

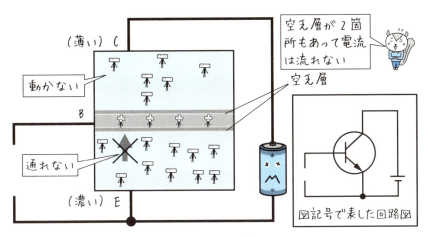

図 3.2.1：npn 型トランジスタが動作しないとき

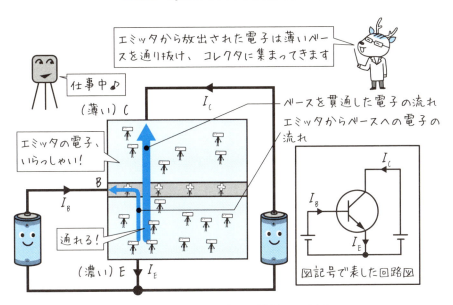

図 3.2.2：npn 型トランジスタが動作しているとき

3-2 ▶足の名前の由来

難易度 ★★★

3-3 ▶ トランジスタの増幅作用
～これがトランジスタの要です!～

　ここでは、トランジスタの基本動作である増幅作用について説明します。**3-2**で、ベースに電流が流れるとコレクタからエミッタへ電流が流れると説明しました。ここで重要なのは、その大きさです。コレクタ電流はベース電流の100倍ほどになるのです。

　図 3.2.2 で表したのと同様に、図 3.3.1 のようにトランジスタを動作させます。このときの回路図中の電流や電圧の大きさは、量記号で表しました。「量記号の見方」も参照してください。図 3.3.1 のように、電池の直流だけでトランジスタを動作させるとき、コレクタ電流 I_C〔A〕が増幅されてベース電流 I_B〔A〕の何倍になっているかを**直流電流増幅率** h_{FE} といいます。式で表せば、

$$h_{FE} = \frac{I_C}{I_B}$$

コレクタ電流 I_C がベース電流 I_B の何倍になっているかを表します

となります[*1]。製品によりますが、50 から 200 ぐらいの値になるのが一般的です。h_{FE} に単位はありません。

　また、図 3.3.2 からベース電流とコレクタ電流の合計はエミッタ電流になることがわかります。式で表せば次式となり[*2]、

$$I_E = I_B + I_C$$

これは npn 型でも pnp 型でも成立します。

　これら 2 つの式は、トランジスタの性質を表す根本的で重要なものです。

　なお、図 3.3.2 の図記号から、トランジスタの図記号中にある矢印はエミッタ電流の向きを表していることもわかります。

---

*1　単なる電流の倍率なので、直流電流増幅率の単位はありません（難しくいうと「無次元」です）。
*2　キルヒホッフの電流則を適用すればわかりますね。

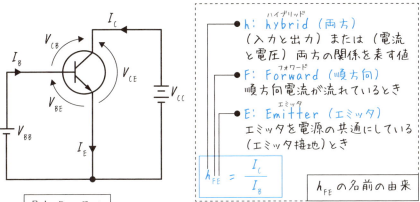

図 3.3.1：トランジスタの基本動作

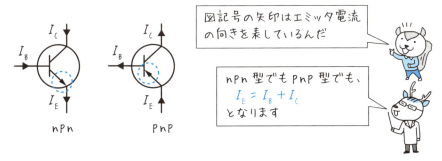

図 3.3.2：トランジスタの電流の関係

● **例題** ベース電流が $1\ \mathrm{mA}$、エミッタ電流が $100\ \mathrm{mA}$ のトランジスタがもつ直流電流増幅率を求めましょう。

答 コレクタ電流は $I_\mathrm{C} = I_\mathrm{E} - I_\mathrm{B} = 100\ \mathrm{mA} - 1\ \mathrm{mA} = 99\ \mathrm{mA}$ なので、

$$h_\mathrm{FE} = \frac{I_\mathrm{C}}{I_\mathrm{B}} = \frac{99\ \mathrm{mA}}{1\ \mathrm{mA}} = 99$$

難易度 ★★★★★

3-4 ▶ トランジスタのバンド構造
～通過できるかな?～

▶【トランジスタのバンド構造】
エミッタのキャリアがベースを通過できるかがポイント

　バンド構造を読み解けば、トランジスタが増幅作用をもつ仕組みを完全に理解できます。図 3.4.1 の (a) 何も電圧を加えていないとき、(b) V_{CE}〔V〕を加えたとき、(c) V_{BE}〔V〕と V_{CE}〔V〕を加えたときで、順に調べてみましょう。

　まず (a) ですが、電圧を加えていないのでダイオードのときと同じく、フェルミ準位（ドナー準位とアクセプタ準位）はそろっています。また、エミッタにたくさん存在するキャリア（電子）たちはエネルギーの壁があるため、ベースを通過できません。

　次に (b) で電圧 V_{CE}〔V〕を加えると、コレクタがプラス極につながります。縦軸はマイナス電荷をもった電子のエネルギーなので、プラス極がつながると安定化してコレクタのドナー準位は低くなります。それでもまだエミッタとベースの間には壁があるため、電流は流れません。

　最後に (c) で電圧 V_{CE}〔V〕に加えて電圧 V_{BE}〔V〕も加えると、ベースにプラス極がつながり、アクセプタ準位も低くなります。するとダイオードの順方向のときのように、エミッタの電子はベースに向かって流れます。しかも、ベースがとても薄いことと V_{CE}〔V〕によってコレクタの準位は下がっていることから、エミッタが放出した電子はたくさんベースを貫通してコレクタに到達し、大量の電子がコレクタに集まってくることになります。

　これが、小さなベース電流で大きなコレクタ電流が得られる増幅作用の仕組みです。

トランジスタのバンド構造が描いてある入門書はとても少ないけど、本当は動作原理をきちんと理解するために必要なんだ

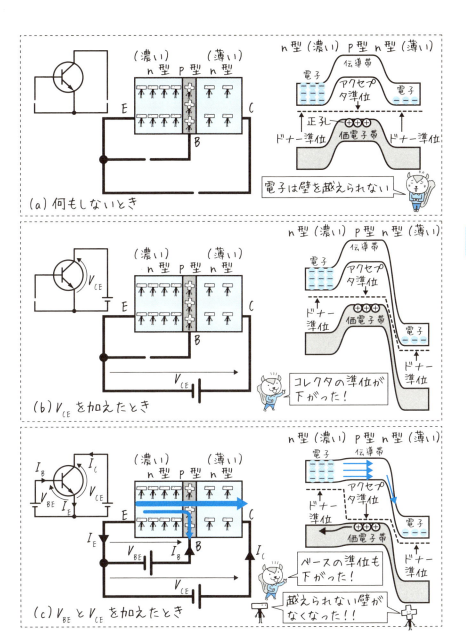

図 3.4.1：トランジスタのバンド構造

3-4 ▶ トランジスタのバンド構造

難易度 ★★★

3-5 ▶ 静特性と動特性
~速く動作するほうがしんどい~

▶【トランジスタの静特性】
直流で使うのときの性質

　トランジスタを直流で使うときの特性をまとめたものを**静特性**（せいとくせい）といいます。交流のような変動はなく、電圧や電流が直流で、一定に「静」まったときの「特性」という意味です。

　図 3.5.1 のようにトランジスタを動作させるとき、トランジスタの性質は入力と出力の関係で表せます。トランジスタに対する入力には電流 I_B〔A〕と電圧 V_{BE}〔V〕の 2 種類があります。出力にも電流 I_C〔A〕と電圧 V_{CE}〔V〕の 2 種類があります。

　図 3.5.2 のような 4 つの入力と出力の関係を考えましょう。(1) は出力どうしの関係（I_C〔A〕と V_{CE}〔V〕）で、I_B〔A〕は一定として考えています。(2) は電流どうしの関係（I_C〔A〕と I_B〔A〕）で、V_{CE}〔V〕は一定として考えています。(3) は入力どうしの関係（I_B〔A〕と V_{BE}〔V〕）で、V_{CE}〔V〕は一定として考えています。ちょうどダイオードの電圧電流特性と同じ形になります。(4) は電圧どうしの関係（V_{BE}〔V〕と V_{CE}〔V〕）で、I_B〔A〕は一定として考えています。

　4 つのグラフを 1 つにまとめるために、軸をひっくり返した（線対称に反転させた）ものを中央に示します。このひとまとめにしたものを静特性として、デバイス業者はトランジスタのカタログに掲載しています。この静特性を見て、回路業者はトランジスタを使うのです。

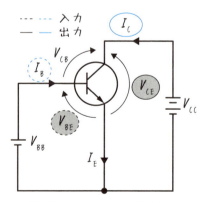

図 3.5.1：トランジスタの入力と出力

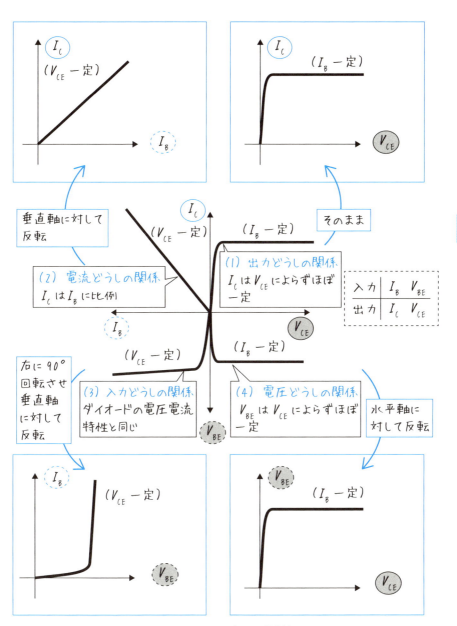

図 3.5.2：トランジスタの静特性

3-5 ▶静特性と動特性

▶【トランジスタの動特性】
交流で使うのときの性質

　静特性が直流での特性なのに対して、**動特性**（どうとくせい）は交流に対する特性です。図 3.5.3 は図 3.5.1 のベース側電源 V_{BB}〔V〕に交流電源 v_{bb}〔V〕を直列につなぐことでベース電流に交流成分 i_b〔A〕を流した様子です。このとき、コレクタ電流にも交流成分 i_c〔A〕が現れます。i_c〔A〕は i_b〔A〕を増幅した形で現れますが、その際の電流の倍率は直流のときより小さくなります。このときの倍率を**小信号電流増幅率**（しょうしんごうでんりゅうぞうふくりつ）といい、式で表すと次のようになります[*1]。

$$h_{fe} = \frac{i_c}{i_b}$$

交流なので、添え字も小文字にしています

　小信号電流増幅率は、周波数が高くなるほど直流電流増幅率より小さくなるのが普通です。トランジスタを交流で使用すると、キャリアである電子や正孔の動く方向が常に入れ替わるので、増幅の効果も弱まるのです。

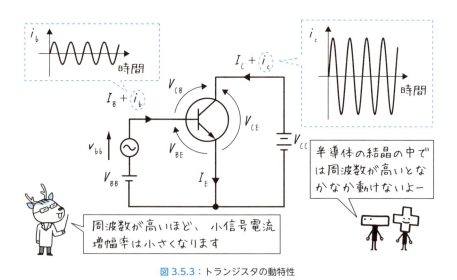

図 3.5.3：トランジスタの動特性

[*1] 正確には瞬時値の比ではなく、実効値の比です。

図 3.5.4 に、信号の周波数が高くなるほど小信号電流増幅率が小さくなることの例を示します。このような周波数の変動に対する性質を表したものを、**周波数特性**（しゅうはすうとくせい）といいます。小信号電流増幅率のような性能を表す代表的な指標の周波数特性は、トランジスタの性能を表すカタログに掲載されています。

　トランジスタを設計するときに使用される小信号電流増幅率は、主に、使用される信号の周波数を基に求められる値を使用します。**3-6** で学ぶ h パラメータも周波数によって変動しますが、小信号電流増幅率と同じように信号の周波数を基に選ばれます。

　周波数による変動を取り扱う具体的な方法は **7-17** で学びます。

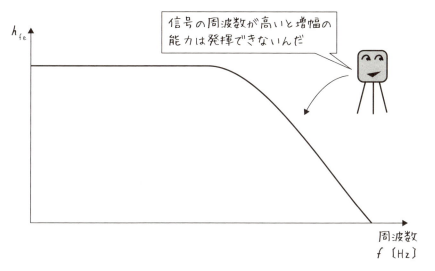

図 3.5.4：小信号電流増幅率は信号の周波数によって変わる

難易度 ★★★

3-6 ▶ hパラメータ
～入力と出力の 4 つの関係を表します～

▶【h パラメータ】
トランジスタの入力と出力の関係を 4 つの値で表したもの

　トランジスタを回路業者が使用する際、重視するのは中身の詳しい情報よりも外から見た入力と出力の情報です。そこで、図 3.6.1 のトランジスタの回路を図 3.6.2 のようにして、入力と出力だけに着目します。

　入力としてベースに直流電圧 V_{BE}〔V〕と信号成分 v_{be}〔V〕を加え、ベースに直流電流 I_B〔A〕と信号成分 i_b〔A〕が流れるとしましょう。出力には直流電圧 V_{CE}〔V〕に信号成分 v_{ce}〔V〕が加わり、コレクタ電流は直流成分 I_C〔A〕に i_c〔A〕の信号成分が加わるとします。

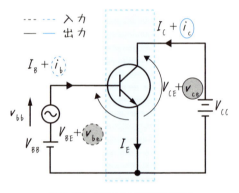

図 3.6.1：図 3.6.2 の実際の回路図

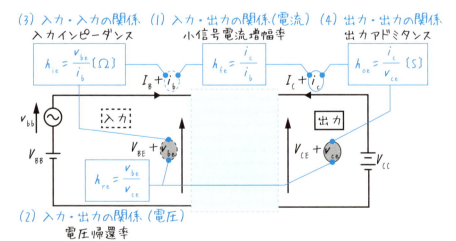

図 3.6.2：入力と出力の関係だけを考えた回路図

このとき、入力を電圧 v_{be}〔V〕と電流 i_b〔A〕、出力を電圧 v_{ce}〔V〕と電流 i_c〔A〕、としてとらえ、図3.6.3の4つの関係[*1]を **h パラメータ**として図3.6.4のように決めています[*2]。

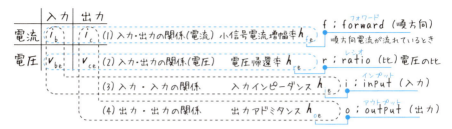

図 3.6.3：h パラメータの関係と添え字の意味（図 3.3.1 も参照）

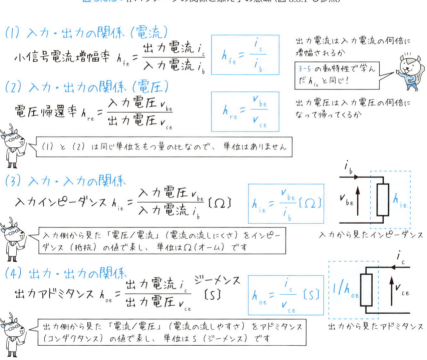

図 3.6.4：h パラメータの決め方

[*1] 入力電流、入力電圧、出力電流、出力電圧の合計4つの未知数があるため、4つの関係式（方程式）が必要ということです。より詳しくは二端子回路対の h 行列というものを勉強するとよいでしょう。

[*2] h パラメータはすべて動特性で調べるような交流での値です。具体的には、静特性で求めた4つの曲線の接線の傾き（微分係数）になります。

難易度 ★★★★

3-7 ▶ 等価回路
〜これを回路業者に渡します〜

> ▶【等価回路】
> 計算しやすいようにトランジスタの性質を電源とインピーダンスで表したもの

 3-6 で学んだ h パラメータを使って、トランジスタの回路を計算しやすいようにしてみましょう。図 3.7.1 は図 3.6.2 にある 4 つの h パラメータで表された回路図を電源とインピーダンス[*1]だけで表したもので、等価回路(とうかいろ)と呼ばれます。トランジスタのようなデバイスを設計する人たちは作ったトランジスタの h パラメータを回路設計をする人たちに渡し、回路設計をするときは図 3.7.1 の回路図で計算します。実際、手計算するときもコンピュータでシミュレーションするときも等価回路が使われます。

 図 3.7.1 の等価回路は、理想電圧源(常に $h_{re}v_{ce}$〔V〕の電圧を出す電源)と理想電流源(常に $h_{fe}i_b$〔A〕の電流を出す電源)とで構成されています。この等価回路がトランジスタの h パラメータを本当に表しているかどうか、簡単に確認しましょう。

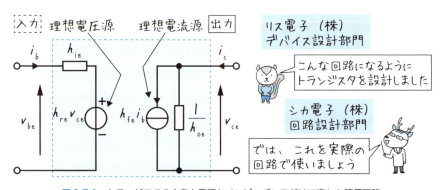

図 3.7.1：トランジスタの中身を電源とインピーダンスだけで表した等価回路

[*1] 簡単にいうと、直流回路の抵抗にコイルやコンデンサの性質も含め、交流回路で計算できるようにしたものです。詳しくは拙著「文系でもわかる電気回路 第 2 版」(翔泳社刊)をご覧ください。

図 3.7.2 は h_{fe} と h_{re}、図 3.7.3 は h_{ie} と h_{oe} が等価回路で表せることを説明したものです。h パラメータを調べるときは、図 3.7.2 のように入力電流 $I_B + i_b$ か出力電圧 $V_{CE} + v_{ce}$ を一定にします。

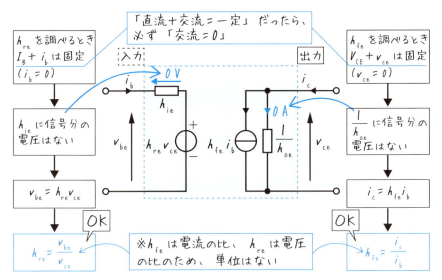

図 3.7.2：等価回路で h_{fe} と h_{re} が表せることの確認

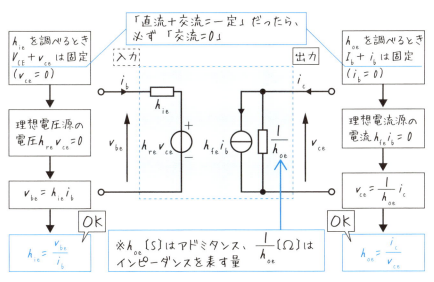

図 3.7.3：等価回路で h_{ie} と h_{oe} が表せることの確認

難易度 ★★★★

3-8 ▶ 寄生容量
～厄介者です～

> ▶【寄生容量】
> デバイスに寄生虫のように潜むコンデンサ

　トランジスタは、pn接合を2つもつことをうまく使って増幅作用を生み出す装置です。ところが、pn接合はコンデンサと同じ構造を作るので、交流信号を漏らしてしまうという厄介な性質があります。

　図3.8.1は(a) pn接合(ダイオード：接合1つ)と(b) コンデンサの構造を表したものです。**2-6**で述べたように、pn接合には何もしなくても空乏層ができます。一方(b)のコンデンサは、2つの電極の間に誘電体を挟んで電圧を加えると、電極にプラスとマイナスの電荷が発生します[*1]。

　図3.8.1の(a)と(b)を見ると、空乏層とコンデンサは同じ構造であることがわかります。何もない空乏層の両側に、プラスとマイナスの電荷が発生することがおわかりいただけるでしょうか。つまり、空乏層はコンデンサになるのです。

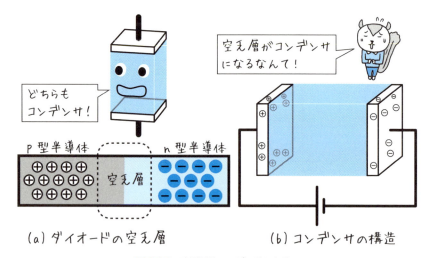

図3.8.1：空乏層はコンデンサになる

*1 「文系でもわかる電気回路 第2版」(翔泳社刊) で詳しく解説しています。

見方を変えると、pn接合をもったデバイスにはコンデンサの性質が潜んでいる、といえます。

このように、デバイスに寄生虫のように潜んでいるコンデンサの静電容量を**寄生容量**（きせいようりょう）、あるいは**浮遊容量**（ふゆうようりょう）といいます。

トランジスタにはpn接合が2つあるので、2つの寄生容量を考える必要があります。図3.8.2（a）はトランジスタの中身です。コレクタとベースの間、ベースとエミッタの間にあるそれぞれのpn接合で寄生容量を考えましょう。回路図で表すと、図3.8.2（b）のようになります。これらの寄生容量の値はとても小さい[*2]のですが、周波数が高いときにはリアクタンスが小さくなって、交流成分を漏らしてしまいます[*3]。このため、高い周波数を扱う回路を設計するときは、寄生容量をコンデンサとして等価回路に付け加え、漏れる電流の影響を考慮する必要があります（**7-18**を参照）。

BC間の寄生容量をコレクタ容量C_{ob}〔F〕とすると、コレクタ電流の一部がC_{ob}を通ってベースに漏れてしまいます。コレクタ電流を出力（output）からベース（base）に漏らすので、添え字をobとしています。また、BE間の寄生容量をエミッタ容量C_{ib}〔F〕とすると、ベース電流の一部がC_{ib}を通ってエミッタに漏れてしまいます。ベース電流を入力（input）からエミッタに漏らすので、添え字をibとしています。

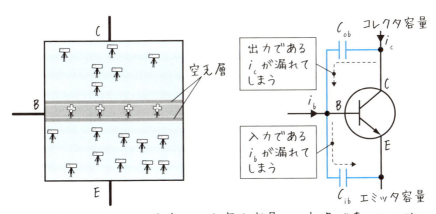

図3.8.2：空乏層がトランジスタにコンデンサを作る

[*2] 数p～数百p〔F〕程度です。
[*3] 「文系でもわかる電気回路 第2版」（翔泳社刊）で詳しく解説しています。

COLUMN　ダイオード2個とトランジスタ1個の回路は同じ動作をするのか？

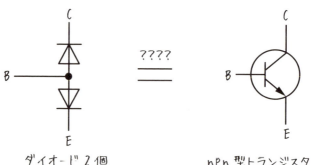

ダイオード2個　　　　　npn型トランジスタ1個

　上に示すダイオード2個の回路とトランジスタ1個の回路は、果たして同じ動作をするでしょうか？

　答えは「NO」です！ どうしてでしょう？ ダイオード2個で作った回路のCにn型半導体、Bにp型半導体、Eにn型半導体がつながっていれば、トランジスタと同じ構造になっている気がするのに。

　ここでのポイントは、Eの電子がベースを貫通できるかどうかです。下図のように、ダイオードが2個あると、上のダイオードには空乏層ができたままなのでエミッタの電子がすべてベースに流れてしまい、電子はエミッタからコレクタに移動できません。

　なぜダイオードに空乏層ができるかというと、ダイオード間をつなぐ金属がいたずらをするからです。実は、半導体と金属を接合すると、pn接合と同じ整流作用をもつようになります（詳しくは **5-8** 参照）。

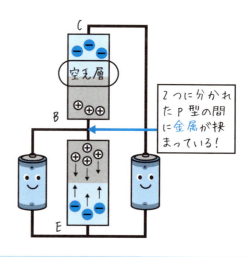

2つに分かれたP型の間に金属が挟まっている！

第4章
電界効果トランジスタ

　電界効果トランジスタの見た目はトランジスタと似ているのですが、中身の構造は全然違います。実際に電子回路を設計する上で便利なように「電圧駆動」になっています。

4-1 ▶ 電流駆動と電圧駆動
〜回路業者からの注文〜

> ▶【電流駆動と電圧駆動】
> ・トランジスタは電流駆動
> ・電界効果トランジスタは電圧駆動

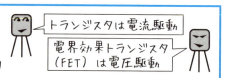

　これまで学んできたトランジスタは、入力を電流にして動作させる電流駆動（でんりゅうくどう）のデバイスです。ベースとエミッタの間にできる pn 接合に順方向電流を流し、それに応じたコレクタ電流が増幅されて流れます。このトランジスタの役割をイメージで表すと、図 4.1.1 のようになります。マイクから出た電流を電流計で測り、電流に応じた出力をスピーカーに出してくれるのです。実際、図 3.7.1 の等価回路のように、トランジスタの出力は入力電流を h_{fe} 倍した電流源で表されています。

　ところが、回路の設計者にとって、電流駆動のデバイスは少々問題のある装置です。たとえば図 4.1.2 のマイクのような入力装置は、電流が流れるほど出力電圧が小さくなり、信号が正しく伝わらなくなります。正確には、図 4.1.2 の右側の等価回路のように、マイクは電源と内部インピーダンス Z_i〔Ω〕をもった電池のような回路に置き換えられます。電流 i〔A〕が流れると Z_i〔Ω〕で電圧降下が起こり、その分だけマイクの出力電圧 v〔V〕は小さくなってしまうのです。このため、回路の設計者が求めているのは、電流を流さず、電圧に応じた増幅をする電圧駆動（でんあつくどう）のデバイスです。

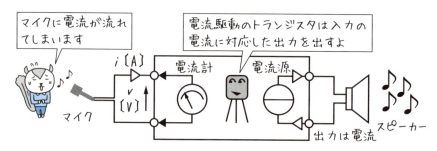

図 4.1.1：トランジスタは電流駆動（イメージ図）

このような背景により、トランジスタの後に発明されたのが**電界効果トランジスタ**です。名前の通り、電圧が作る電界の効果[*1]を使って出力電流をコントロールします。名前が長いので、略して FET[*2] と呼ばれます。図 4.1.3 は、マイクが出力する電圧を FET が増幅し、電流をスピーカーに出力するイメージを示したものです。電圧計で測った電圧に応じた電流を出力しています[*3]。

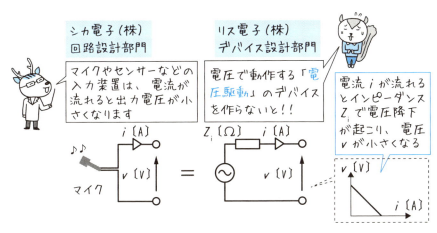

図 4.1.2：マイクの等価回路と内部インピーダンス

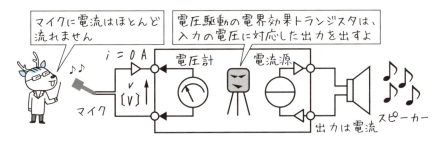

図 4.1.3：電界効果トランジスタは電圧駆動（イメージ図）

[*1] 電圧がかかっている空間を「電界」と呼び、電界が存在している空間では電荷に力が働きます。
[*2] Field Effect Transistor（フィールド・エフェクト・トランジスタ）の略称です。
[*3] 電圧計は内部インピーダンスが大きく、ほとんど電流を流しません。FET が「電圧駆動＝入力インピーダンスの大きな素子」ということを、電圧計で表現しています。ただ、本当はいつでも電圧駆動が有効というわけではなく、マイク側と増幅回路側の内部インピーダンスが同じときに最大の電力を伝えることができます。詳しくは **7-19・7-20** にまとめています。

4-2 ▶ モノポーラ
～n型かp型の1種類だけ～

> ▶【バイポーラとモノポーラ】
> トランジスタはバイポーラ（極性が2つ）
> 電界効果トランジスタはモノポーラ（極性が1つ）

　トランジスタは使っている半導体の種類の数で2つに分けられます。ここまでに説明したトランジスタは、n型とp型の両方を使っている「バイポーラ型」でした。これから説明する電界効果トランジスタは、n型またはp型のどちらかしか使わない「モノポーラ型」です。

　ラテン語で、「バイ」は「2」、ギリシャ語で「モノ」は「1」を意味しています。「ポーラ」は英語で「極」を意味しています。バイポーラ型のトランジスタは、図4.2.1のように、これまで説明したn型半導体とp型半導体の2つの極性をもったトランジスタのことです。電界効果トランジスタと区別して、電流駆動のトランジスタであることを明確に伝えたいとき、バイポーラトランジスタと呼ばれることもあります。

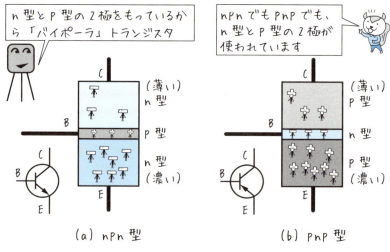

図 4.2.1：トランジスタはバイポーラ

一方、電界効果トランジスタは、n 型または p 型の半導体の片方でしか電流を流していません。つまり、1 つの極性の半導体だけでキャリアをコントロールしています。図 4.2.2 のような、1 つの極性だけをもった電界効果トランジスタは、**モノポーラ**型のトランジスタといえます。電界効果トランジスタを**モノポーラトランジスタ**と呼ぶこともできます。

　モノポーラ型である電界効果トランジスタは、図 4.2.2 にあるようなゲートと呼ばれる電極の電圧を使って、電流をコントロールします。ちょうど水道管の蛇口と同じで、ゲート電圧が蛇口、電流が水道水に対応します。ゲートを作る方法はたくさん発明されてきたのですが、本書では、実用でよく使われている接合型 FET と MOSFET の 2 つを紹介します。以降、本書では電界効果トランジスタのことを FET と表記します。

- **本書で紹介する電界効果トランジスタ（FET）**
  接合型 FET：pn 接合の空乏層でコントロール → **4-4**、**4-5**、**4-6**
  MOSFET：キャリアを反転させてコントロール → **4-7**、**4-8**、**4-9**

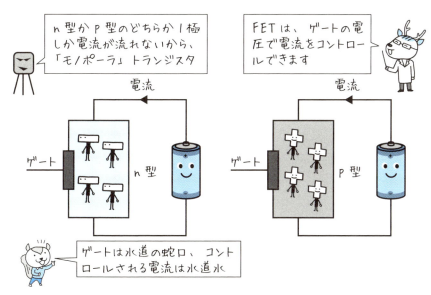

図 4.2.2：電界効果トランジスタはモノポーラ

難易度 ★★ ☆☆☆☆

4-3 ▶ 足の名前とチャネル
～ n でも p でも、キャリアはソースからドレインへ～

> ▶ 【FET の足の名前】
> - G（Gate・ゲート）：門・ゲート
> - S（Source・ソース）：源
> - D（Drain・ドレイン）：排水口

　バイポーラトランジスタと同じように FET にも 3 本の足があり、それぞれの足には役割にちなんだ名前がついています。図 4.3.1 は FET の役割を説明したもので、（a）はキャリアとして電子が、（b）はキャリアとして正孔が流れている様子を示したものです。

　G（ゲート）は、電流をコントロールする端子です。ゲートは水道の蛇口のような役割をしており、ゲートの電圧によってキャリアが流れたり流れなかったりします。水の流れを開閉する門・ゲートということで名付けられました。キャリアは、S（ソース）から D（ドレイン）に向かって流れます。ソースは「源（Source）」[*1]、ドレインは「排水口」という意味なので、電界効果トランジスタの足には役割にふさわしい名前がそれぞれついています。

> ▶ 【FET のチャネル】
> ソース（S）からドレイン（D）へのキャリアの通り道

　図 4.3.1 の（a）では電子が、（b）では正孔がキャリアとしてソースからドレインに流れています[*2]。（a）のように電子が通過できる通り道は n チャネル、（b）のように正孔が通過できる通り道は p チャネルと呼ばれています。チャネルの種類によらず、キャリアが出発するほうの端子をソース、到着するほうの端子をドレインといいます。ここで気をつけたいのは、ドレインとソースの間にある半導体のタイプ（n 型、p 型）とチャネルの種類は一致しないということです。

---

*1　よく質問されますが、調味料の「ソース」は「sauce」と書く、違う単語です。
*2　電子はプラス極に引かれ、マイナス極に反発します。正孔はプラス極に反発し、マイナス極に引かれます。

94

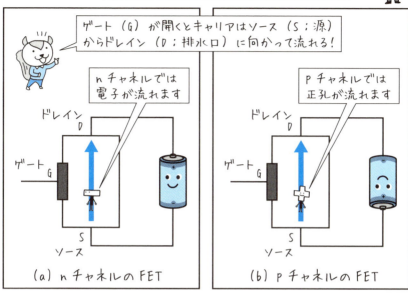

図 4.3.1：FET の足の名前とチャネル

あくまで**キャリアの通り道を通過できるのが電子か正孔かで、チャネルの種類を区別**しています。n 型半導体が n チャネルになるとは限りません。後で学びますが、接合型 FET の n チャネルは n 型半導体で、MOSFET の n チャネルは p 型半導体で作られます。

なお、この「チャネル」という言葉は、テレビやラジオの「チャンネル」と同じ「channel」という英語から来ています。

難易度 ★★★

4-4 ▶ 接合型 FET の動作
～ピンチオフだとチャネルはキャリアを通さない～

▶【接合型 FET】
pn 接合の空乏層を使い、チャネルの首を絞めて電流をコントロールする

　ゲートに pn 接合を使った FET を接合型 FET といいます。図 4.4.1 に接合型 FET の構造と図記号を示します。(a) の n チャネルの接合型 FET は、ソース(S)とドレイン(D)に n 型半導体、ゲート(G)に p 型半導体を使い、(b) の p チャネルで使っているものはその逆になります。ダイオードと同じ pn 接合ができるため、接合型 FET の図記号には順方向電流の向きが矢印で示されています。

　接合型 FET を実際に使うとき、ゲートとソースの間のゲート電圧は逆方向にします。図 4.4.2 は、n チャネルの接合型 FET での動作を表したものです。(a) はまだゲートに電圧を加えていないため、p 型半導体と n 型半導体の間に空乏層があります。ただ、ソース・ドレイン間は空乏層のない場所がありますので、n 型半導体のキャリアである電子はチャネルを楽々通過できます。つまり、ドレインからソースに向かうドレイン電流 I_D〔A〕が流れます。

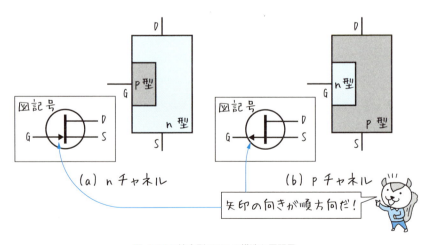

図 4.4.1：接合型 FET の構造と図記号

ところが、第2章で説明したように、(b)のように逆方向のゲート電圧を加えると空乏層が広がり、キャリアは流れにくくなってドレイン電流は減少します。さらに逆方向電圧を大きくすると、キャリアが完全に流れなくなるまで空乏層が広がり、ドレイン電流はゼロになります。このとき、チャネルは首を絞められて空気の通り道が塞がるようにキャリアを通さなくなります。この状態を**ピンチオフ**（pinch-off：首などを締める）状態といいます。このときのゲート電圧は、**ピンチオフ電圧**と呼ばれます。

このように接合型FETでは、ゲート電圧で空乏層を開閉し、ドレイン電流をコントロールしています。まるで水道の蛇口ですね。

> ▶【ピンチオフ】
> 首が締まって空気の通り道を塞ぐように、チャネルがキャリアを通さなくなること

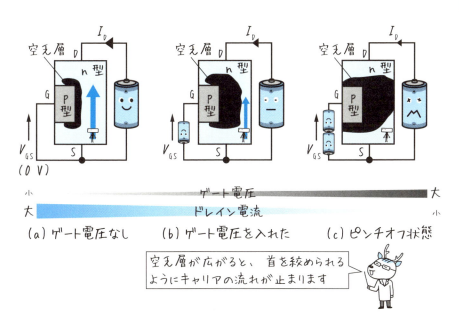

図 4.4.2：接合型 FET の動作

難易度 ★★★

4-5 ▶ 接合型 FET の静特性
~電圧駆動！~

▶【接合型 FET の静特性】

ゲート電圧でドレイン電流をコントロール

　接合型 FET の仕組みがわかったところで、静特性を調べてみましょう。第3章でも説明しましたが、静特性はデバイスを直流で使うときの性能を表すものです。図 4.5.1 のように、ソースを共通にしてゲートに V_{GS}〔V〕、ドレインに V_{DS}〔V〕の電圧を加えるとしましょう。参考までに、量記号の名前の付け方についても図 4.5.1 の中で説明しています。

　図 4.5.1 は n チャネルの接合型 FET なので、ピンチオフでドレイン電流をコントロールするためには、図 4.4.2 のようにゲート電圧 V_{GS}〔V〕のゲートをマイナス極、ソースをプラス極につなぐ必要があります。ただ、「ゲートにマイナスの電圧を加える」ことは、電圧の値に負号を付記して表したほうがグラフにしたときにわかりやすくなります。マイナスの電圧であることがはっきりわかるからです。このため、（a）ではゲートをプラス極、ソースをマイナス極につなぎ、電源 V_{GG}〔V〕を負の値にとっています。このときの静特性を、（b）$V_{GS} - I_D$ 特性、（c）$V_{DS} - I_D$ 特性として、グラフに示しています。

　図 4.5.1（b）の $V_{GS} - I_D$ 特性は、V_{DS}〔V〕を一定にして静特性を調べたものです。$V_{GS} = 0$ V のときドレイン電流は最大になりますが、逆方向に電圧をかけていくとドレイン電流は減少していきます。$V_{GS} = -0.4$ V あたりで、ついにドレイン電流は流れなくなります。この接合型 FET のピンチオフ電圧は、-0.4 V ということになります。

　（c）の $V_{DS} - I_D$ 特性は、4 種類のゲート電圧 V_{GS}〔V〕について調べたものです。$V_{GS} = 0$ V のときを見てみましょう。V_{DS}〔V〕が大きくなると、すぐにドレイン電流は一定の値に落ち着きます。これを、「電流が飽和（ほうわ）する」といいます。そこで V_{GS}〔V〕の逆電圧をかけていくと、ドレイン電流 I_D〔mA〕が小さくなっていくことがわかります。つまり、ゲート電圧 V_{GS}〔V〕はドレイン電流 I_D〔mA〕をコントロールできるということです。**4-1** で「FET は電圧駆動

のデバイスである」と説明した通り、まさに電圧駆動のデバイスといえます。

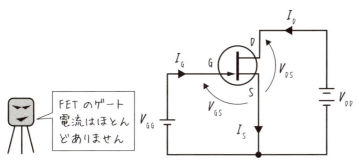

(a) FET の静特性を調べる回路

> 量記号の見方
> - V_{GS}、V_{DS} : 異なる添え字 → 添え字の間の電圧
>   (例) V_{GS} はゲート（G）とソース（S）間の電圧
> - V_{GG}、V_{DD} : 同じ添え字が2つ → その文字の足につながっている電源電圧
>   (例) V_{GG} はゲート（G）につながっている電源電圧
> - I_G、I_D、I_S : 電流の添え字 → 各足（G・D・S）の電流
>   (例) I_D はドレイン（D）電流

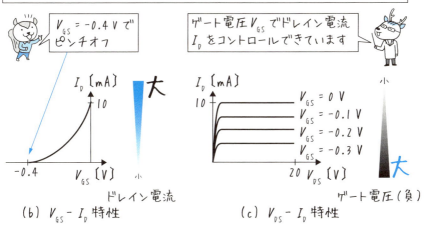

図 4.5.1：接合型 FET の基本動作

4-5 ▶接合型 FET の静特性　**99**

難易度 ★★★★

4-6 ▶ 接合型 FET の等価回路
～これを回路業者に渡します～

▶【接合型 FET の等価回路】
入力インピーダンスがとても大きい

3-7 と同様に、接合型 FET でも等価回路を作り、回路業者が計算しやすいように FET を電源と抵抗に書き換えてみましょう。図 4.6.1 のように、電源 V_{GG}〔V〕に信号分 v_{gg}〔V〕が加わり、ゲート電圧が $V_{GS} + v_{gs}$ になったとして等価回路を考えます。出力であるソースとドレインの間の電圧 $V_{DS} + v_{ds}$ とドレイン電流 $I_D + i_d$ を、入

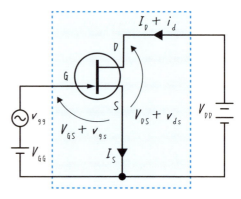

図 4.6.1：等価回路を考える回路

力であるゲート電圧 $V_{GS} + v_{gs}$ で表します。FET の場合は電圧駆動ですから、入力電流であるゲート電流はほぼゼロとみなすことができます。トランジスタの等価回路に比べると、接合型 FET の等価回路はとても簡単になります。

入力と出力の関係を求めるために、図 4.5.1（b）の $V_{GS} - I_D$ 特性を拡大したものを図 4.6.2 に示します。今、ゲート電圧が信号分 v_{gs}〔V〕によって振動していると考えると、その振動の幅に対応する分、出力のドレイン電流もグラフ中の i_d〔A〕の幅で振動することになります。その大きさの割合、つまり増幅の度合いを相互コンダクタンス〔S〕といって、次のように表します。

▶【相互コンダクタンス】
ゲート電圧とドレイン電流の変化の割合

$$g_m = \frac{i_d}{v_{gs}} 〔S〕$$

相互コンダクタンスはゲート電圧当たりのドレイン電流を表しており、FET での増幅率にあたります。ただし、電流を電圧で割った値なので、単位はコンダクタンスやアドミタンスと同じ〔S〕（ジーメンス）になります。「相互」という名前は、「入力と出力の相互関係を表す」という意味でつけられています。

　相互コンダクタンス g_m〔S〕を知っていれば、入力のゲート電圧の信号 v_{gs}〔V〕に応じて、ゲート電流は $i_d = g_m v_{gs}$ で求められることがわかります。後は、入力インピーダンス r_g〔Ω〕と出力インピーダンス r_d〔Ω〕を使い、等価回路は図 4.6.3 のように表されます。

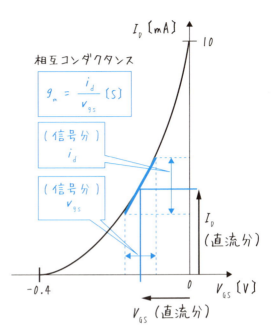

図 4.6.2：$V_{GS} - I_D$ 特性

　r_g〔Ω〕と r_d〔Ω〕はトランジスタでいう入力インピーダンス h_{ie} と出力アドミタンスの逆数 $1/h_{oe}$ と同じものです。ただし、r_g〔Ω〕はほぼ無限大とみなすことができるためゲート電流はほぼゼロとして計算できます。このため、トランジスタのときよりも計算が簡単になります。

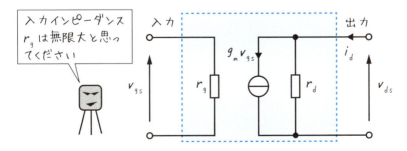

図 4.6.3：接合型 FET の等価回路

難易度 ★★★

4-7 ▶ MOSFET の動作
～ゲート電圧で反転させます～

> ▶【MOSFET】 M：Metal（メタル：金属）
> O：Oxide（オキサイド：酸化物）
> S：Semiconductor（セミコンダクター：半導体）

　FETは接合型のほかにMOSFETもよく使われます。MOSはMetal（金属）、Oxide（酸化物）、Semiconductor（半導体）の頭文字をつなげたものです。
　MOSFETは、図4.7.1のようにMとOがSにくっついた構造になっています。本当はMとOはもっと薄いのですが、わかりやすいようにここではわざと大きくしています。

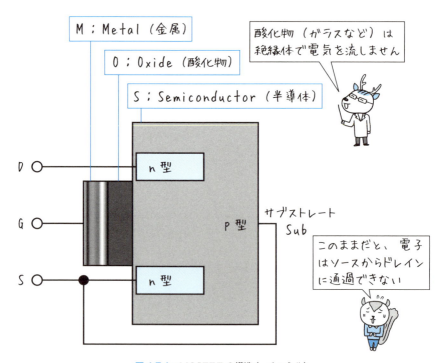

図 4.7.1：MOSFETの構造（nチャネル）

S（半導体）の内部は、D（ドレイン）とS（ソース）にn型半導体がくっついていて、それが大きなp型半導体に埋め込まれた形になっています。MとOの反対側のサブストレート（基盤のことです）は、ソースにつながっています。このままでは、ドレイン・ソース間は、トランジスタのコレクタ・エミッタ間のように、pn接合が2つあるので電流は流れません。

　ここで、図4.7.2のようにS（ソース）とG（ゲート）に電圧を加えてみましょう。M（金属）はO（酸化物＝絶縁体）につながっているので電流は流れませんが、p型半導体にほんの少しだけ存在する電子がプラスの電圧を感じてOに近づいてきます。サブストレートはマイナス極につながっているので、p型半導体にたくさん存在する正孔がサブストレートに近づいてきます。すると、p型半導体なのに、MとOの近くだけは電子が集まってきて、とても細い電子の通り道ができます。これを反転層（はんてんそう）といい、MOSFETのチャネルとなります。つまり、MOSFETは電子が通過できるので、nチャネルのFETとなります。

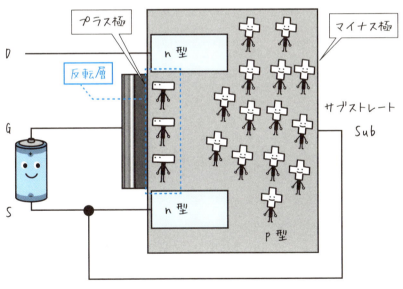

図4.7.2：反転層のでき方

難易度 ★★★

4-8 ▶ エンハンスメント型とデプレッション型
～回路業者の都合で作られました～

> ▶【エンハンスメント型】 ノーマリーオフ
> ▶【デプレッション型】　 ノーマリーオン

4-7 で紹介したのは、図 4.8.1 のようにゲート電圧が加わって初めてオン状態になる**エンハンスメント（enhancement：増加）型**の MOSFET です。ゲート電圧の増加でドレイン電流が流れる、という意味です。ゲート電圧のない（ノーマルな）ときはオフ状態なので、エンハンスメント型は**ノーマリーオフ**であるといいます。

エンハンスメント型に対して、図 4.8.2 のようにゲート電圧がなくてもドレイン電流が流れる**ノーマリーオン**で設計された MOSFET は、**デプレッション（depletion：減少）型**と呼ばれます。動作するゲート電圧を減少させているという意味です。n チャネルの場合は図 4.8.3 のように、あらかじめ反転層ができるよう、チャネルのキャリアとなる電子が注入されています。

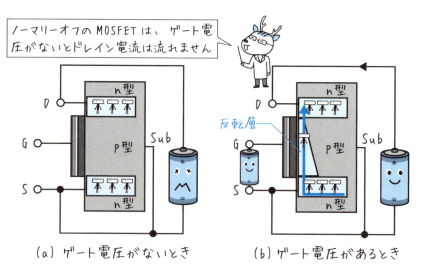

図 4.8.1：エンハンスメント型はゲート電圧が加わって初めて反転層ができる

以上のように、MOSFETはエンハンスメント型とデプレッション型に分けられ、使い道によって便利なほうが選ばれます。そのためMOSFETの図記号も、図4.8.4のようにエンハンスメント型とデプレッション型、nチャネルとpチャネルで4種類に区別されています。回路業者は設計する回路の都合に合う便利なものを選べばよいのです。

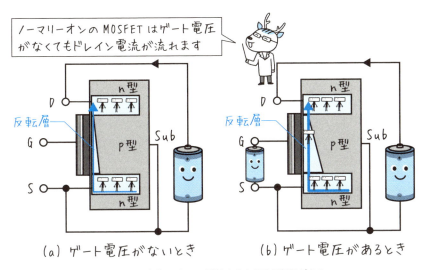

図 4.8.2：デプレッション型はあらかじめ反転層がある

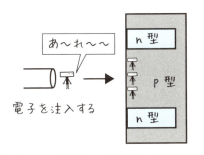

図 4.8.3：電子を注入して反転層をあらかじめ作る

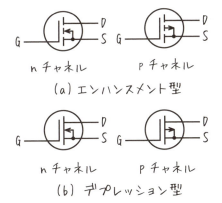

図 4.8.4：MOSFETの図記号

難易度 ★★★

4-9 ▶ MOSFET の静特性
～エンハンスメントとデプレッションで違います～

- ▶【エンハンスメント型】ノーマリーオフで「しきい値」はプラス
- ▶【デプレッション型】ノーマリーオンで「しきい値」はマイナス

　エンハンスメント型MOSFETの静特性を紹介します。図4.9.1のように、ゲート・ソース間に電源 V_{GG}〔V〕、ドレイン・ソース間に電源 V_{DD}〔V〕をつなぎます。図4.5.1で紹介した接合型FETの回路と、足のつなぎ方（G・S・D）は同じです。このときのドレイン電流 I_D〔A〕とゲート電圧 V_{GS}〔V〕の関係が右のグラフで示されています。

　エンハンスメント型はノーマリーオフなので、ゲート電圧が0Vのときはドレイン電流は流れません。ゲート電圧を上げていくと、反転層ができてドレイン電流が急に流れ出すようになります。このときの電圧はしきい値と呼ばれ、これはMOSFETのオン状態とオフ状態の境目となる重要な値です。エンハンスメント型の場合、しきい値はプラスとなります。

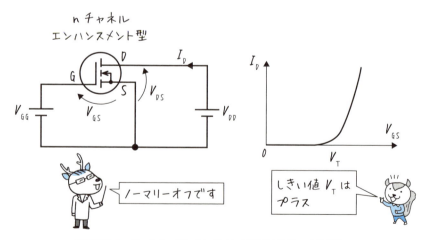

図4.9.1：nチャネル・エンハンスメント型MOSFETの静特性

デプレッション型の場合を図 4.9.2 に示します。ノーマリーオンなので、ゲート電圧が 0 V でもドレイン電流は流れます。そのため、ゲート電圧を逆方向に加えると、反転層が消滅していっていずれドレイン電流も流れなくなります。つまり、デプレッション型のしきい値はマイナスとなります。

　デプレッション型のドレイン電流・ゲート電圧特性は、ちょうどエンハンスメント型の特性を左にずらした形になっています。

　これらの静特性から、相互コンダクタンスを求めたり、等価回路に直したりする方法は MOSFET も接合型 FET も同じです。ただし、エンハンスメント型とデプレッション型でしきい値が違うため、回路を設計するときに「バイアス電圧」と呼ばれるゲート電圧の決め方に違いが出ます。そこからは回路業者の仕事になります。

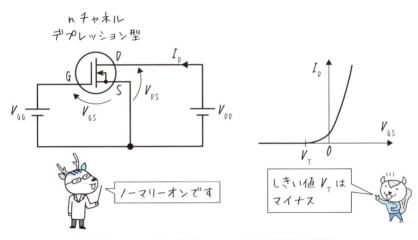

図 4.9.2：n チャネル・デプレッション型 MOSFET の静特性

▶【FET の特性（まとめ）】

接合型 FET	ノーマリーオン
エンハンスメント型 MOSFET	ノーマリーオフ
デプレッション型 MOSFET	ノーマリーオン

EXERCISES

第 4 章への演習問題

【1】 n チャネル接合型 FET のキャリアは何ですか。

【2】 p チャネル接合型 FET のキャリアは何ですか。

【3】 n チャネル MOSFET のキャリアは何ですか。

【4】 接合型 FET の動作はノーマリーオンかノーマリーオフのどちらですか。

【5】 MOSFET の動作はノーマリーオンかノーマリーオフのどちらですか。

演習問題の解答

【1】 電子（**4-3**・**4-4** 参照）　【2】 正孔（**4-3**・**4-4** 参照）

【3】 電子（**4-3**・**4-7** 参照）　【4】 ノーマリーオン（**4-4**・**4-9** 参照）

【5】 エンハンスメント型はノーマリーオフ、デプレッション型はノーマリーオン（**4-9** 参照）

> **COLUMN　ゲート電流の大きさとコンピュータの限界（スケーリング則）**
>
> 　FET はゲート電流がほとんど流れない電圧駆動の装置だと説明しましたが、やはり少しだけ漏れていて、大きくても 1 μA 程度です。ドレイン電流が 1 A だったら 10^6 倍の違いがあります。これだけの違いがあれば、無視しても差し支えないでしょう。
>
> 　ところが、コンピュータの CPU（計算をするメインの装置）は FET をとても多く使っています。具体的に 10^9 個（10 億個）使っているとすれば、全体で電流は 1000 A も流れてしまいます。実際は FET のサイズを小さくしているのでこんなに大きな電流は流れませんが、今度は小さくすることでトンネル電流（**5-6** 参照）が漏れてしまいます。この漏れる電流がコンピュータの限界を決めるといわれています。興味のある方は「スケーリング則」をキーワードに調べてみましょう。

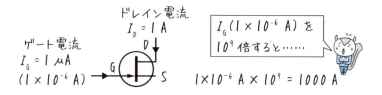

第 5 章

ダイオードの仲間

　ダイオードは光ったり、発電したり、コンデンサになったり……といろいろな機能をもつ、面白い部品です。

難易度 ★★

5-1 ▶ LED（発光ダイオード）
～電子と正孔が再び出会うと光ります～

> ▶【LED（発光ダイオード）】
> 電子と正孔が結合するときに光る

　ダイオードの輝かしい応用例として、ここで **LED** を紹介します。LED は Light（ライト：光）、Emitting（エミッティング：放出する）、Diode（ダイオード）の頭文字をつなげたもので、日本語にすると**発光ダイオード**（光るダイオードという意味）となります。構造は図 5.1.1 のようになっており、pn 接合した場所でまっすぐな光が出るようになっています。図 5.1.2 のように、図記号は普通のダイオードに「光を出す」という意味で矢印が添えられています。

　LED が光を出す仕組みを図 5.1.3 に示します。第 2 章で説明したように、pn 接合に順方向電圧を加えると n 型半導体のキャリアである電子と p 型半導体のキャリアである正孔が接合部分に集まり、結合して消滅します。電子と正孔が消えるとき、電荷はちょうどプラスとマイナスで打ち消し合いますが、その後残ったエネルギーに等しいエネルギーの光が放出されるのです。結合して消えた分の電子と正孔は、電池などの電源から再び供給されます。

　このように、電源から供給して生成された電子と正孔が再びくっつくことを**電子正孔再結合**（でんしせいこうさいけつごう）といいます。LED は電子正孔再結合のときに光が出やすいように設計されたダイオードなのです。

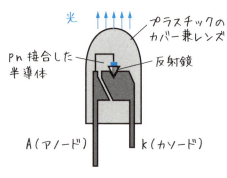

図 5.1.1：LED の構造

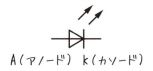

図 5.1.2：LED の図記号

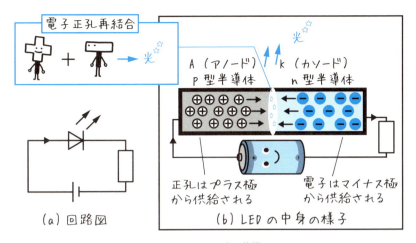

図 5.1.3：LED の光る仕組み

　LED と同じく、電球は電気を光に変える装置です。ところが LED と電球の光を出す仕組みは全く異なります。次ページに示す図 5.1.4（a）の電球の場合は、電気が流れると熱を出すフィラメントと呼ばれる線（電熱線[*1]）が真空のガラス管に入っています[*2]。電流を流して線の中を電子が動くとき、電子が原子核にぶつかり、「おしくらまんじゅう」と同じように熱を出します。この熱が 1000℃ くらいになると、マッチやライターの炎と同じように光るのです。つまり、電球は電気エネルギーをいったん熱エネルギーに変換し、熱エネルギーが光エネルギーに変わることで光る装置なのです。

　一方、図 5.1.4（b）の LED は、電子正孔再結合によって電気エネルギーが直接光エネルギーに変換される装置です。電球では熱エネルギーのすべてが光エネルギーに変換されることはなく、熱の一部は損失として失われます。ところが LED の場合は直接エネルギーの変換が起こるため、とても高い効率で光を出すことができるのです。

　また、電球のフィラメントは内部で繰り返し電子が衝突しているために、長く使っていると切れてしまいます。電球には寿命があるのです。ところが LED は原理的に寿命がありません。ただし、LED 本体ではなく、プラスチックのカバーが光によって傷み、光を通しにくくなるため、明るさが新品の約 70% になる時間を寿命として商品に表示されています。

[*1] タングステン（原子番号 74）という高い融点（3000℃ 以上）の物質が使われることが多いです。
[*2] 高温時、電熱線が空気の酸素によって酸化されるのを防ぐためです。

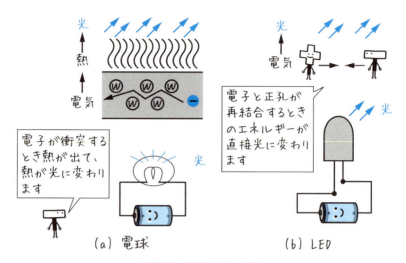

図 5.1.4：電球と LED の違い

　LED がどんな色で光るのかをバンド構造から調べてみましょう。図 5.1.5 はダイオードのバンド構造で、(a) は電圧を加えていないとき、(b) は順方向に電圧を加えたときの様子です (詳しくは **2-8** 参照)。(a) ではバンドギャップ E_g の p 型と n 型の半導体が、真ん中で pn 接合を作っています。フェルミ準位の違いから伝導帯・価電子帯は接合部分で段差ができていますが、どの場所でもギャップの大きさはほぼ同じです。(b) のように電圧を加えると接合部分で電子と正孔が再結合します[*3]が、電子と正孔のエネルギーの差はほぼバンドギャップ E_g になっています。つまり、LED の光の色は、バンドギャップ E_g に対応したエネルギーの色になるということです。

　エネルギーと光の波長の対応関係を図 5.1.6 にまとめます。理論的に、エネルギーと波長の関係は。

$$E \,[\text{eV}] = h\frac{c}{\lambda} = \boxed{\frac{1240}{\lambda\,[\text{nm}]}}$$

となることが知られています。c は光速 (3×10^8 [m/s])、h はプランク定数 (6.62×10^{-34} [J·s]) と呼ばれる定数です。

　色枠で囲った部分の式はエネルギーを eV、波長を nm の単位で表したもので、可視光線の LED の色を見積もるときによく使われます。この式から、図 5.1.6

[*3] 電子と正孔は図 5.1.3 (b) のように接合部分でぶつかって結合しますが、図 5.1.5 の電子と正孔が違う高さにあってぶつかっているように見えません。これはあくまでバンド構造の縦軸はエネルギーを表しているからで、位置は横軸でしか表していないからです。

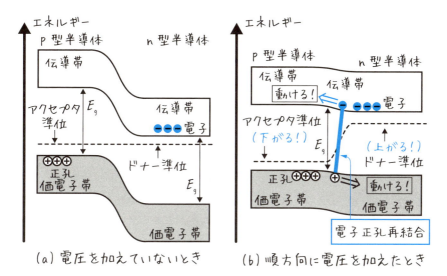

図 5.1.5：LED の光る仕組み

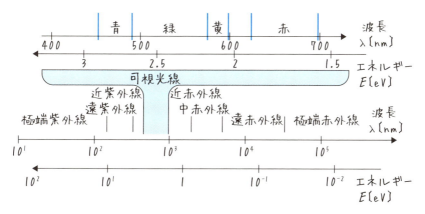

図 5.1.6：エネルギーと光の波長との関係

の関係が求められます。たとえば青色（460 nm としましょう）の光を出す LED は逆算して 2.7 eV くらいのバンドギャップをもつ半導体が必要であることがわかります。

難易度 ★★

5-2 ▶ 太陽光電池
～光が電子と正孔を生み出して発電します～

> ▶【太陽光電池】
> LED の逆：光が入ると電子と正孔ができる

　太陽光電池は文字通り、太陽の光を使って電気を作る電池のことです。太陽光電池は、実は LED の逆の働きをしているだけです。図 5.2.1（a）は LED に電池をつないで電気を供給し、光を出している様子です。この LED に電流計をつないで太陽光を当てたのが図 5.2.1（b）です。電球を光らせるほどの発電はできませんが、電流計の針を動かすことはできます。実用上の太陽光電池も LED と同じ pn 接合でできている素子ですが、LED よりももっと多くの電流を取り出すことができ、発電効率が高くなるように設計されています。

　図 5.2.2 に太陽光電池が発電する仕組みを示します。（a）は回路図です。電池の記号を枠で囲み、光が入り込む様子を矢印で示しています。G は Generator（ジェネレーター：発電装置）を意味しています。

　（b）は太陽光電池が動作している様子を示したものです。光が pn 接合の部分に入ると、入ってきた光のエネルギーの大きさに対応する電子と正孔が同じ数

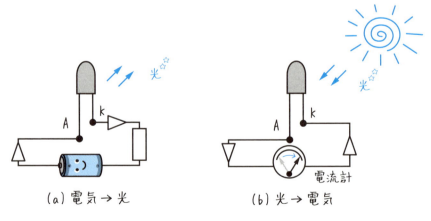

図 5.2.1：LED も太陽光電池になる

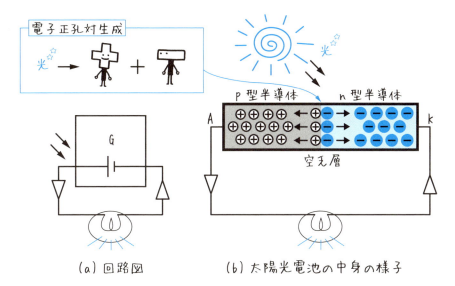

図 5.2.2：太陽光電池の発電する仕組み

だけ作られます。このように、電子と正孔の対（ペア）が作られることを**電子正孔対生成**（でんしせいこうついせいせい）といいます。

　光エネルギーを受け取ってできた電子と正孔のペアは、それぞれエネルギーが安定する方向に移動します。電子は n 型半導体、正孔は p 型半導体のほうへ移動します。光が当たっている間は電子正孔対生成が起こっているので、電子は K（カソード）端子から負荷である電球へ、正孔は A（アノード）端子から電球へ流れます。つまり、太陽光電池は電流を A から K へ流す装置になり、電池に置き換えれば A がプラス端子、K がマイナス端子になります。発電するときは、逆方向電流が流れることになるのです。

> ▶**【LED も太陽光電池も pn 接合。ただし、働きは逆】**
> LED：電気　→　光（電子正孔再結合）
> 太陽光電池：光　→　電気（電子正孔対生成）

　ここで、電子正孔対生成の原理をバンド構造で説明しましょう。次ページに示す図 5.2.3 は、バンドギャップ E_g をもった半導体に光を当てたときの様子です。

おさらいです。半導体の価電子帯には電子が詰まっていますが、伝導帯の中は空っぽで、電子は存在しません（**1-12**参照）。そこにE_gより大きなエネルギーの光が入ってくると、価電子帯の電子は伝導帯のエネルギーにまで引き上げられます。すると、価電子帯には穴が空いて正孔ができ、伝導帯には価電子帯から電子がやってきます。これが電子正孔対生成のより正確な説明です。

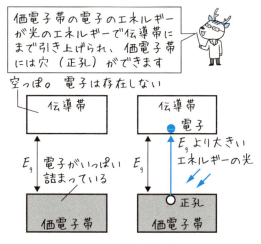

図 5.2.3：電子正孔対生成の本当の原理

電子正孔対生成の後、できた電子と正孔が動く仕組みを図 5.2.4 に示します。(a) は、pn 接合の部分で電子正孔対生成が起こった様子です。生成された電子と正孔は、光からエネルギーを受け取って高エネルギー（不安定）の状態にあります。このため、安定した状態になるためにエネルギーの低い側に移動します。縦軸が「電子」のエネルギーを表していることに注意すれば、(b) のように電子はエネルギーが下がる n 型半導体のほうへ、正孔は電子のエネルギーが上がる（正孔は下がる）p 型半導体のほうへ移動することがわかります。これは pn 接合のために、（フェルミ準位が一様になるよう）伝導帯と価電子帯の準位に空乏層のところで段差があることが理由です。段差の大きさは空乏層内の電界の強さに対応していて、この電界は内部電界と呼ばれています。

光によって電子正孔対生成が起こると、p 型半導体にはプラスの正孔が、n 型半導体にはマイナスの電子がどんどん入り、p 型半導体は電池のプラス極、n 型半導体は電池のマイナス極として動作しているとみなすことができます。これが太陽光電池が起電力（電流を流す働き）をもっている理由で、この起電力は**光起電力**（ひかりきでんりょく）と呼ばれています。p 型半導体に入る正孔はフェルミ準位を下げ（電子が減るから）、n 型半導体に入る電子はフェルミ準位を上げます（電子が増えるから）。このフェルミ準位のずれが光起電力の大きさに対応しています。

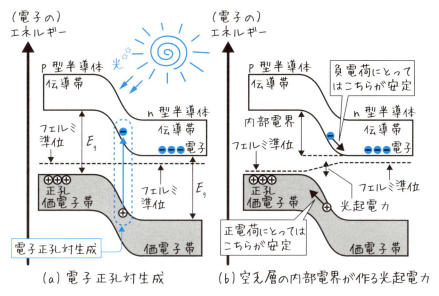

図 5.2.4：太陽光電池のバンド構造

　図 5.2.5 は、太陽光電池に光が当たっているときの電圧電流特性を示したものです。順方向電流を LED が光る向き（電力消費）、逆方向電流を太陽光発電の向き（電力発電）としています[*1]。①は光がないときの特性で、普通のダイオードと同じになります。光が当たるときに発電される電流分だけずれたのが②の特性です。このグラフの関係（I、V）を掛け算した値 $I \cdot V$〔W〕が最大になるとき（図 5.2.5 の③四角形の面積）の電流を I_{max}〔mA〕、電圧を V_{max}〔V〕とすると、次式が理論上、太陽光電池が供給できる電力の最大値になります。

$$P_{max} = I_{max} V_{max} \text{〔mW〕}$$

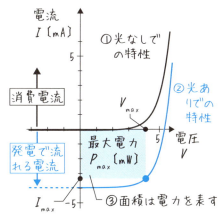

図 5.2.5：太陽光電池の電圧電流特性

---

*1　電圧の向きは発電と発光で同じです。

5-2 ▶太陽光電池　　**117**

難易度 ★★

5-3 ▶ フォトダイオード、pinダイオード
〜光を検出します〜

▶【フォトダイオード】
太陽光電池より敏感に反応する

フォトダイオード（Photodiode：略して PD）は、太陽光電池と同じく光を受けて電気を作るダイオードです。ただ、太陽光電池のようにたくさん電気を作るのではなく、微小で繊細な信号を検出しやすいように設計されています。フォトダイオードの図記号は図 5.3.1 のように LED と光の向きを逆にした形になっており、太陽光電池の電池を基にした図記号とは大きく違います。

図 5.3.2 のように、フォトダイオードは身近なセンサー（検出器）として様々な場面で利用されています。主に LED（可視光線だけでなく、赤外線や紫外線も使います）で出した光を検出したい対象物に当て、反射した光を検出しています。

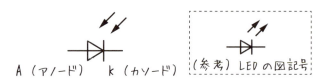

図 5.3.1：フォトダイオード (PD) の図記号

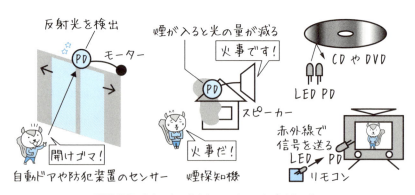

図 5.3.2：あちこちで使われているフォトダイオード

> ▶【pin ダイオード（高周波ダイオード）】
> フォトダイオードより敏感に反応する

　PDは太陽光電池と同じ仕組みをしており、光が当たったときの電子正孔対生成によって電流を出力します。つまりpn接合が作る内部電界の力で電流を出力しているのです。このことから、PDでは光に対する応答速度はこの内部電界の強さで決まってしまうのです。

　pinダイオード（高周波ダイオードともいう）は、フォトダイオードをさらに高速で動作できるよう工夫したものです。pinダイオードの構造は図5.3.3（a）のようになっており、pn接合の間に真性半導体（intrinsic semiconductor：イントリンシック・セミコンダクター）を挟むので「pin」と呼ばれています。（b）のように、図記号はダイオードのAとKの間に四角形を斜めに打ち込んだものです。

　pn接合の真ん中に真性半導体があると、キャリアのない空乏層の領域が大きくなります。そこで図5.3.4のようにpinダイオードに逆方向電圧を加えておくと、電子正孔対生成の後に電子と正孔が加速されて、光信号に対して敏感に電流が反応するようになります。

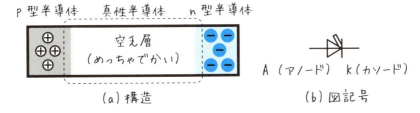

図5.3.3：pinダイオードの構造と図記号

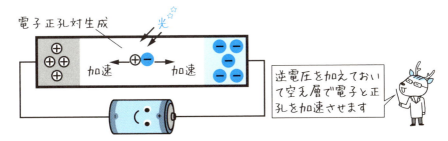

図5.3.4：pinダイオードの使い方

難易度 ★★★★

5-4 ▶ レーザーダイオード
~レーザーになります~

> ▶【そもそもレーザーとは】
> 1. 鏡で光を閉じ込める
> 2. 何回も光を強くする (←誘導放出を使います)
> 3. 強くした光をそろえる
> 4. めっちゃ強くて整った光が出る

　レーザーポインタの光のように、レーザーはまっすぐで色のはっきりした光を出す装置です。ここではまず、レーザーの光を出すために必要な誘導放出 (ゆうどうほうしゅつ) という現象について説明しましょう。図 5.4.1 は光のエネルギーのやりとりを (a) 自然放出、(b) 吸収、(c) 誘導放出に分類して説明したものです。

　(a) 自然放出は、高い準位である伝導帯の電子が低い準位の価電子帯に落ちるとき、自然に光を放つ現象です。LED と同じで、電子と正孔を pn 接合部分にもっていくだけで自然に発光します (電子正孔再結合)。ただし、電子と正孔を pn 接合部分にもっていくために、(当然ですが) 外部から電源でエネルギーを与える必要があります。

　(b) 吸収は、エネルギーギャップ E_g より大きなエネルギーをもった光が入ってきたとき、低い準位の価電子帯にある電子がエネルギーを吸収して、高い準位にある伝導帯に移る現象です。吸収が起こると価電子帯には穴が空いて正孔ができ、伝導帯には電子ができます (電子正孔対生成)。

　(c) 誘導放出は、(a) 自然放出と (b) 吸収が両方起こっているような現象です。電子が高い準位である伝導帯にあり、かつ光も外から入ってくるときの現象です。光が入ることにより、伝導帯の電子は電子正孔再結合を起こしてさらに光を出します。つまり、誘導放出には元の光よりも大きな光を出す増幅作用があるのです。入ってきた光に導かれ、さらに大きな光を放出するので誘導放出と呼ばれています。

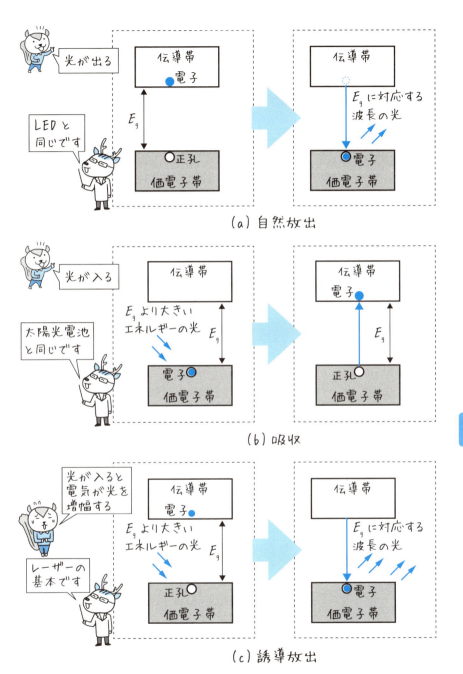

図 5.4.1：光と電気のエネルギーのやりとり

誘導放出によって光が増幅されることを利用して特徴ある光を出すのがレーザーです。名前の由来は装置の原理を英語でそのまま書いた、Light Amplification by Stimulated Emission of Radiation（光の誘導放出による増幅）の頭文字を取ってLaserと名付けられました。図5.4.2にレーザーの原理を簡単に示します。外からエネルギーを与えて誘導放出が起こる活性層（かっせいそう）と呼ばれる場所の中で、両側に鏡を置きます。左側は完全に反射する鏡、右側は半分だけ光を通して半分反射する鏡です。

　(a)のように活性層の中では光は何度も鏡に反射して往復し、誘導放出によってどんどん増幅されます。(b)のように光を半分通す鏡から出た光の波長と位相がうまくそろうように鏡間の距離などを調整すると、(c)のような整った光が出力されます。これがレーザー光です。

　レーザー光の特徴は、単色性とコヒーレンスが強いという点にあります。単色性（たんしょくせい）とは、波の成分がほとんど1つの周波数でできているかどうかの度合いを表すものです。要するに、ほかの色の波長が混ざっていないということです。コヒーレンスは波の位相がどれだけそろっているかを表します。コヒーレンスが強い（位相がそろっている）と、他の光や壁にぶつかったとき位相の変化がわかりやすく出ることになります。

　図5.4.3のように、普通の光（太陽光や電球）の単色性とコヒーレンスは弱く、LEDや特にレーザーの場合は単色性とコヒーレンスは強くなります。

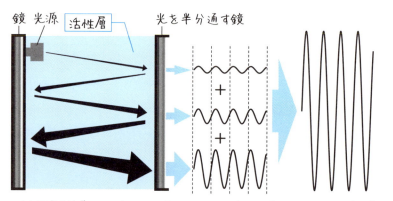

図 5.4.2：レーザーの原理（超粗い説明）

レーザーダイオードは、レーザーの元の光源を LED にしたものです。図 5.4.4 のように、pn 接合の間を活性層にして両側に鏡を挟み、誘導放出を起こしています。小型で軽く、省電力を実現できるので、持ち運びが必要なレーザーポインタや距離を測定するための光源として活用されています。

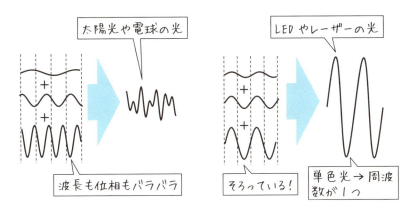

図 5.4.3：単色性とコヒーレンス（干渉のしやすさ）

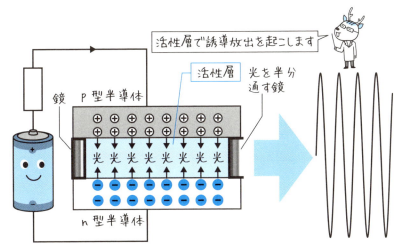

図 5.4.4：レーザーダイオードの仕組み

難易度 ★★★★

5-5 ツェナーダイオード、アバランシェダイオード
〜電圧が一定になることを利用します〜

> **【ツェナーダイオード、アバランシェダイオード】**
> 降伏電圧は一定になる

　少し変わった使い方をするのが<u>ツェナーダイオード</u>と<u>アバランシェダイオード</u>です。**2-10** で説明したように、高い逆方向電圧を加えると、ダイオードは図 5.5.1 の特性のようにツェナー効果や雪崩降伏が起こって一気に逆方向電流が流れます。逆方向電流が一気に流れ出す電圧を<u>降伏電圧</u>（こうふくでんあつ）といい、ほぼ一定の値になります（図 5.5.1 の V_z）。

　ツェナーダイオードとアバランシェダイオードは降伏電圧の性質を利用して一定の安定した電圧を出すデバイスとして使用されます。ツェナーダイオードはツェナー効果、アバランシェダイオードは雪崩降伏を利用したもので、特性は似ています。ツェナーダイオードのほうが降伏電圧は小さめで、アバランシェダイオードは大きめになります。

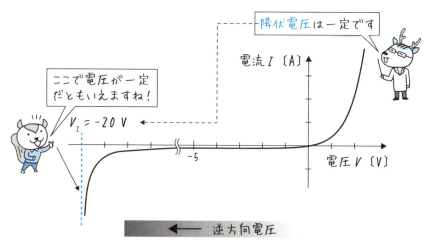

図 5.5.1：ダイオードの電圧電流特性（逆方向電圧のとき）

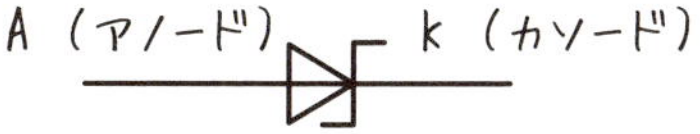

```
A (アノード)        k (カソード)
```

図 5.5.2:ツェナーダイオード・アバランシェダイオードの図記号

　ツェナーダイオードとアバランシェダイオードの図記号を図 5.5.2 に示します。降伏電圧が異なるだけで特性は同じなので、ツェナーダイオードとアバランシェダイオードの図記号は同じです。一定の電圧を出すダイオードということで、定電圧ダイオードとも呼ばれています。

　定電圧ダイオードを使って一定電圧を出す「定電圧回路」を考えたのが図 5.5.3 です。まず(a)のように定電圧ダイオードなしで、起電力 V〔V〕と内部抵抗 r〔Ω〕をもつ電源で、負荷 R〔Ω〕を動作させるとしましょう。

　内部抵抗と負荷の抵抗の合成抵抗は $R+r$〔Ω〕なので、負荷には電流 $I_L = V/(R+r)$ が流れることになります。オームの法則から、負荷の電圧は $V_L = V \cdot R/(R+r)$ となり、抵抗値 R〔Ω〕によって V_L〔V〕は変わってしまいます。

　ところが図 5.5.3 (b) の場合は定電圧ダイオードがあるために、負荷の電圧が $V_L = V_Z$ となるようにダイオードへの電流 I〔A〕が変化します。

　この定電圧ダイオードのように、電圧と電流の関係が非線形な部品を回路に入れると、オームの法則が成立しないような現象が起こります。それをうまく利用して実用に活かすのも、電子回路の大きな役割の 1 つです。

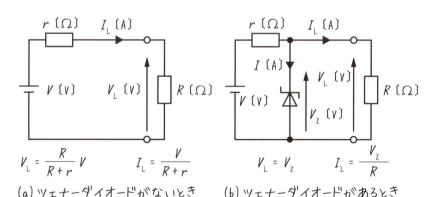

(a) ツェナーダイオードがないとき　(b) ツェナーダイオードがあるとき

図 5.5.3:定電圧回路の例

難易度 ★★★★☆

5-6 ▶ トンネルダイオード（エサキダイオード）
～トンネルします～

> ▶【トンネル効果】
> トンネルを潜り抜けるように脱走する

　トンネルダイオードは発明した江崎玲於奈（えさき れおな）博士にちなんでエサキダイオードとも呼ばれています。トンネル効果というミクロな世界で起こる不思議な現象を利用したデバイスで、発明の功績は 1973 年にノーベル物理学賞で称えられました。

　トンネル効果について図 5.6.1 で説明しましょう。2 つの空間が壁で区切られていて、(a) は「ヤッホー！」という声（音波）、(b) は石、(c) は電子を壁にぶつけた様子です。(a) の場合、声がすべて壁を透過するわけではありませんが、左

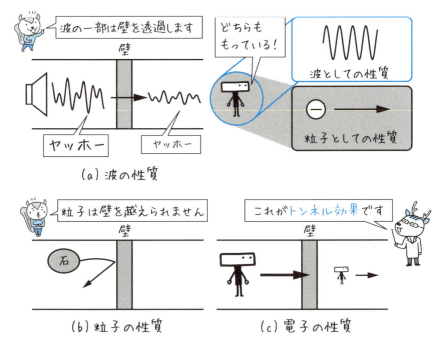

図 5.6.1：トンネル効果の説明

側の壁が振動して右側まで伝わり、音が小さくなって一部は通り抜けます。(b)の場合、石が壁を潜り抜けることはありませんが、石が壁を破壊するだけのエネルギーをもっていれば、透過することができます（本章末のコラム参照）。

1-4 で説明したように、電子は波と粒子のどちらの性質ももっているため、(c)のように電子は壁を一部透過するのです。この現象は電子がまるでトンネルを潜り抜けて壁の反対側に脱走するように見えるので、トンネル効果と呼ばれています。壁が薄いほどトンネルして透過しやすくなります。

▶【トンネルダイオード（エサキダイオード）】
トンネルできるくらい、たくさんドーピングする

トンネルダイオードでは、トンネル効果が起こるように p 型と n 型のキャリアを大量にドーピングしています。図 5.6.2（a）にある普通のダイオードに対して、(b) のトンネルダイオードは p 型半導体に正孔が、n 型半導体に電子が大量にドーピングされ、空乏層が極端に狭くなっています。

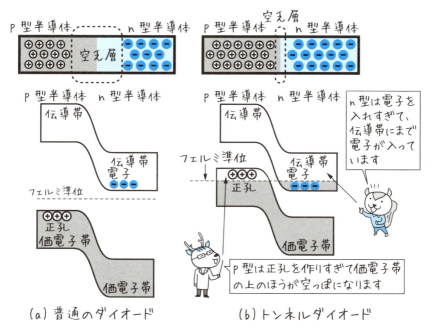

図 5.6.2：トンネルダイオードの構造

バンド構造で説明すれば、n型半導体は電子が多すぎて伝導帯にも入るようになり、p型半導体は正孔が多すぎて価電子帯の上のほうの準位を空っぽにします。正孔を作るのに電子を取り除きすぎて、もはや穴ではなく根こそぎ上から取り除かれたような感じです。

> ▶【負性抵抗】
> **マイナスの値になる抵抗**

　トンネルダイオードで電流と電圧の関係を調べると、図 5.6.3 のようになります。電圧を加えていくと、(1)では順方向に電圧が流れて電流が増えますが、(2)では電流が減るという不思議な現象が起こります。(3)で再び普通のダイオードに似た動作をします。(2)のように、電圧が増えると電流が減るということは、オームの法則でいえば（抵抗）＝（電圧）／（電流）の値がマイナスになるということです。トンネルダイオードのような抵抗がマイナスになる性質のことを**負性抵抗**（ふせいていこう）と呼び、高周波増幅や発振回路、高速スイッチングなどに応用されています。

　図5.6.4に、トンネルダイオードの図5.6.3の特性が得られる仕組みを示します。この2図の①〜⑤は連動しています。①の近くで少し電圧を上下させる範囲では、空乏層がとても薄いために、トンネル効果によって電子はn型からp型へ

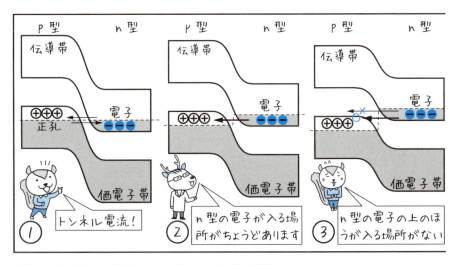

図 5.6.4：図 5.6.3 の各点でのトンネルダイオードのバンド構造

移動するときも p 型から n 型に移動するときも、すぐ上のエネルギー準位が空いているため、トンネル効果によって自由に移動できます。このときの電流は**トンネル電流**と呼ばれ、普通のダイオードと違って順方向にも逆方向にも電流が流れます。電圧を上げると急速に電流が流れ、②の準位がそろうところで最大になります。しかし、③のようにさらに電圧が上がると準位がずれてトンネル電流は減少し、④で最低になります（これが負性抵抗を示す理由）。さらに電圧を上げると⑤のように普通の pn 接合と同じ仕組みで空乏層がなくなり、普通の順方向電流が流れるようになります。

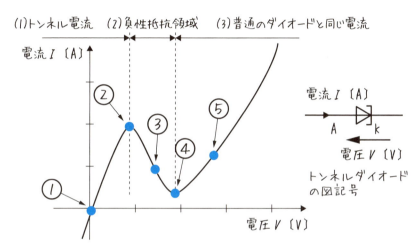

図 5.6.3：トンネルダイオードの電圧電流特性

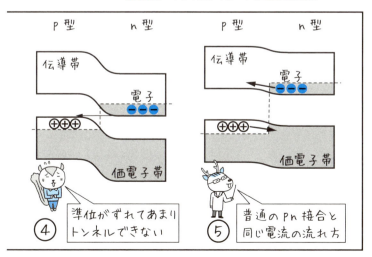

難易度 ★★

5-7 ▶ 可変容量ダイオード
～コンデンサになります～

▶【可変容量ダイオード】
空乏層の大きさをコントロールする

ダイオードの空乏層がコンデンサの働きをすることを利用したのが可変容量ダイオードです。pn接合でできる空乏層がコンデンサの働きをすること

図 5.7.1：可変容量ダイオードの図記号

は 3-8 で紹介しました。可変容量ダイオードは加える電圧によって空乏層が作る静電容量をコントロールできるデバイスで、その意味からバリキャップ（Variable Capacitance Diode）とも呼ばれています。コンデンサとしての性質を兼ねているダイオードなので、図 5.7.1 のように図記号もコンデンサとダイオードを兼ねたようなものになっています。

電気回路[*1] や電磁気学などで勉強されたと思いますが、平行平板コンデンサの静電容量 C〔F〕は、次式となります。

$$C = \varepsilon \frac{S}{L}$$

ε〔F/m〕は板の間に挟む物質の誘電率、S〔m^2〕は板の面積、L〔m〕は板の間の距離です。板に挟んでいる物質が同じであれば、板の面積が大きいほど、板の間の距離が短いほど、静電容量は大きいことになります。

図 5.7.2 のように、ダイオードに順方向・逆方向の電圧を加え、空乏層を大きくしたり小さくしたりしてみましょう。電圧を加えると、板の面積は変わりませんが、板の間の距離は変化します。空乏層が大きいと L の値が大きくなって静電容量は小さくなり、空乏層が小さいと L の値が小さくなって静電容量は大きくなることがわかります。ただし、順方向電圧を強くして空乏層がなくなると、ダイオードはコンデンサにはならず、電流を流す導線と同じ働きをします。

可変容量ダイオードは、電流を流して使うことはないので、基本的に逆電圧

[*1] 未習の方は「文系でもわかる電気回路 第2版」（翔泳社刊）などの入門書を参考にしてください。

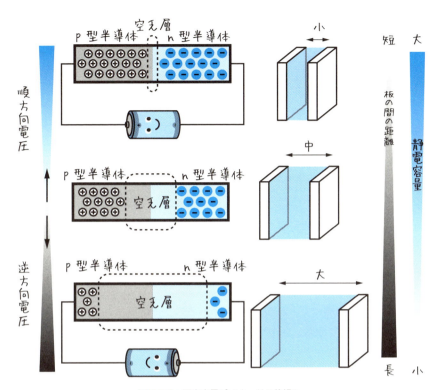

図 5.7.2：可変容量ダイオードの仕組み

の範囲で空乏層を大きくしたり小さくしたりして静電容量をコントロールします。普通のダイオードを使っても空乏層の大きさの変化から静電容量を変えることはできますが、製品として製造されている可変容量ダイオードは、特に静電容量が大きく変化するように作られています。

5-3 で紹介した pin ダイオードで静電容量がどうなるかを考えてみましょう。pin ダイオードは真ん中に真性半導体を挟んでいるために PD より空乏層が大きくなるものでした。つまり静電容量も PD より小さくなります。**3-8** で説明したように、これは寄生容量が小さいということなので、pin ダイオードは高周波を扱う回路に有利ということがわかります。

5-8 ショットキーバリアダイオード
～半導体と金属の接合です～

> ▶【ショットキーバリアダイオード】
> 半導体から金属に向かって障壁ができる

　ここでは図5.8.1 (a) のような金属と半導体を接合するMS接合（Metal-Semiconductor）を考えます。MS接合はpn接合と同じような整流作用をもつことができるため、発見したショットキー先生にちなんで**ショットキーバリアダイオード**（SBD）と呼ばれています。

　図5.8.2で、半導体がn型の場合のMS接合のバンド構造を説明します。(a)は接合前のバンド構造です。金属はバンドギャップがなく、フェルミ準位のすぐ上に伝導帯があります。n型半導体はギャップがあり、伝導帯のすぐ下にフェルミ準位、その下にドナー準位があります。

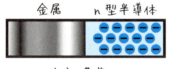
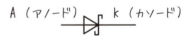

図5.8.1：ショットキーバリアダイオード

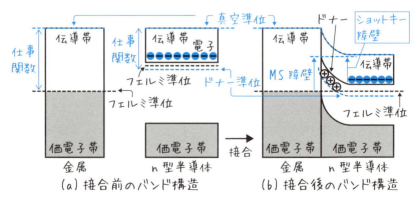

図5.8.2：MS接合のバンド構造

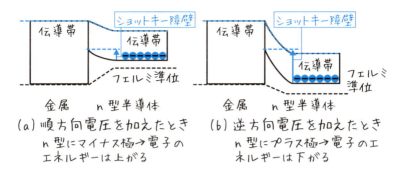

図 5.8.3：SBD の動作

　MS 接合を考えるには、**真空準位**と呼ばれる伝導帯の一番上の準位を考える必要があります。物質中にいる（物質に捉えられている）電子に真空準位までエネルギーを与えると、電子は物質から飛び出して自由に動けるようになります。また、フェルミ準位と真空準位の間のエネルギーは**仕事関数**と呼ばれます。仕事関数の大きさのエネ

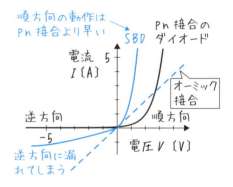

図 5.8.4：SBD の電流電圧特性

ルギーを物質に与えることで、電子は物質から出ていくことができるのです。

　MS 接合の性質は、金属と半導体の仕事関数の大小関係で変わります。まずは図 5.8.2（a）のように、金属の仕事関数が n 型半導体の仕事関数よりも大きい場合を考えましょう。この場合、接合後のバンド構造は図 5.8.2（b）のようになります。**2-7** で説明したように、外からエネルギーが与えられていなければ、2 つの物質のフェルミ準位はそろいます。そして、フェルミ準位がそろうように価電子帯や伝導帯の準位も変化します。金属と n 型半導体の接合部分（界面）では、価電子帯の一番上や真空準位がそろうように、n 型半導体にドープされた電子が右側へ移動し、プラスに帯電したドナーが接合部の付近に残ります。このようにして、n 型半導体のバンドは曲がることになります。

　n 型半導体のキャリア（伝導帯付近の電子）が金属側へ移動するためには、図 5.8.2（b）に示す**ショットキー障壁**を越えないといけません。図 5.8.3 のように、（a）順方向電圧を加えたときは障壁が小さく、（b）逆方向電圧では障壁が大きく

なり、電圧の向きによって電流の流しやすさが異なり、図5.8.4のような整流作用をもつ電圧電流特性が得られます。pn接合のダイオードよりも順方向電流が流れる電圧が低いため、SBDは高速な動作に利用されます。ただし、図5.8.2（b）のMS障壁と書かれた高さは変わらないため、金属から価電子帯への障壁は変化せず、逆方向電流が常に漏れてしまいます。

このように、MS接合は整流作用を作ってしまうことがあります。普通のダイオードやトランジスタの金属端子ではそのような整流作用が起こらないよう、ショットキー障壁ができないようにします。このときの電流と電圧の関係は図5.8.4のようなオームの法則が成り立つため、この接合はオーミック接合と呼ばれています。

EXERCISES

第5章への演習問題

【1】 太陽の光はどんな波長の光をもっていますか。

演習問題の解答

【1】 いろいろな波長の光をもっている（**5-4**参照）。

【補足】様々な波長に対応し、できるだけ発電量を増やすため、様々なバンドギャップを多層に重ねた構造をもつ太陽光電池が検討されています。

> **COLUMN** トンネルは「通り抜ける」ものだけど～波と粒子の二重性再考～
>
> **5-6**で、電子が壁を透過してしまうトンネル効果を紹介しました。この不思議な現象は、電子が波の性質と粒子の性質の両方をもっていることに由来します。著者は、トンネル効果の説明のとき、電子が波であると感じた部分は「透過する」と表現し、粒子であると感じた部分は「潜り抜ける」や「通り抜ける」と表現しています。該当箇所をお読みになった際、違和感を感じが方もいらっしゃるかもしれません。
>
> ここでも述べたように電子は「波」としても「粒子」としてもとらえられるものですので、電子の波としての性質、粒子としての性質をそれぞれ説明するときに、便利な表現を使えばよいでしょう。

第  章

トランジスタの仲間

　トランジスタの仲間は、基本的に「増幅」をするために作られたものばかりです。

難易度 ★★☆☆☆

6-1 ▶ フォトトランジスタ
〜光を検出して増幅します〜

▶【フォトトランジスタ】
光を検出して、ついでに信号を増幅する

フォトトランジスタは、フォトダイオードで検出した光信号をトランジスタで増幅するデバイスです。図6.1.1（a）のようにフォトダイオード1個とトランジスタ1個でできており、それを（b）のようにつないで、（c）のように1つのデバイスとしてパッケージされています。実物はフォトダイオードに似ているものが多いので、購入するときは注意しましょう。

フォトダイオードを利用した装置として、図6.1.2のフォトカプラ（Photocoupler）があります。入力の電気信号をLEDで光信号に変換し、出力側のフォトトランジスタで再び電気信号に戻す装置です。入力と出力を光（Photo：英語の「写真」ではなく、ギリシャ語の「光」）でつなげる（Couple：カップル。結合）ので、フォトカプラと呼ばれています。

フォトカプラが有能なのは、入力された信号をいったん光に変換し、出力側で電気信号に戻しているため、入力側の回路と出力側の回路を電気的に切り離すことができるところです。たとえば、モーターや電磁石を使った装置は、逆誘導起電力[*1]のためにノイズが発生します。図6.1.3（a）のように、制御回路の信号を増幅回路で増幅し、モーターや電磁石を動作させると、ノイズが発生します。制御回路、増幅回路、モーターや電磁石は電気的につながっているために、発生したノイズは制御回路に悪影響を及ぼしてしまいます。

そこで、図6.1.3（b）のように、制御回路の制御信号をいったん光に変換することで、発生したノイズが制御回路に逆流しないようにすることができます。LEDは光を出すこと、フォトトランジスタは光を検出することに特化して設計されていますから、その逆の働き、つまりLEDが光を検出してフォトトランジスタが光を出すことはほとんどできないのです。

---

*1 詳しくは「文系でもわかる電気回路 第2版」（翔泳社刊）などを参照してください。

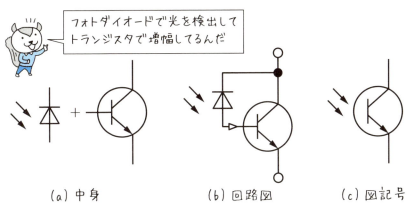

図 6.1.1：フォトトランジスタ

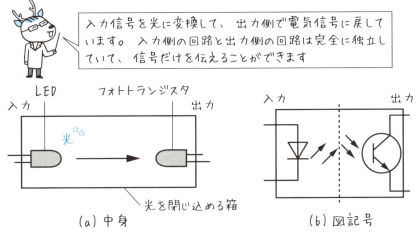

図 6.1.2：フォトカプラ

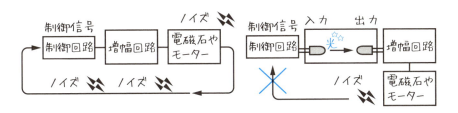

図 6.1.3：フォトカプラの使い方の例

6-2 ▶ サイリスタ
～ゲートでスイッチを ON にします～

> ▶【サイリスタ】
> ドアという意味で、電流を開閉する働きをもつ

　サイリスタ（Thyristor）はアメリカの RCA 社の商標で、名前の由来はドア（ギリシャ語で θύρα：サイラ）のように電流を開閉する働きをするトランジスタ（Transistor）だそうです。図 6.2.1 のように、pnpn と 4 層の半導体からできています。真ん中の n 型半導体は、電子の濃度を薄くしています。

　図 6.2.2 にサイリスタを動作させる様子を示します。(a) のように、ゲート端子に電圧がかかっていないときはアノード・カソード間に電流は流れず、OFF 状態になります。「p → n」という向きは順方向ですが、「n → p」という向きは逆方向だからです。

　そこで、(b) のようにゲートに電圧を加えて右側の p 型 - n 型（濃い）に順方向電流を流してみます。すると、n 型（薄い）の右端で少数キャリアの正孔が右に、p 型の左端で少数キャリアの電子が左に漏れ、トランジスタのように動作します。n 型（薄い）はキャリアが少なかったのが導通するようになり、ON 状態になります。(c) のように、ゲート電圧を切ってもカソード側からの電子はアノード側まで到達し続け、ON 状態はアノード・カソード間の電源を切るまで続きます。

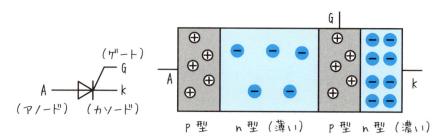

図 6.2.1：サイリスタの図記号と構造

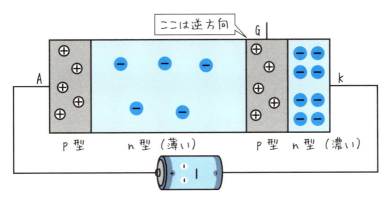

(a) ゲートに電圧がないとき；OFF

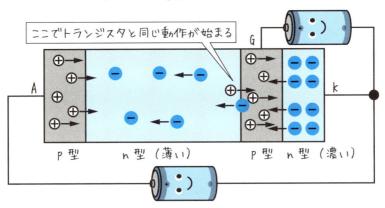

(b) ゲートに電圧がかかるとき；ON

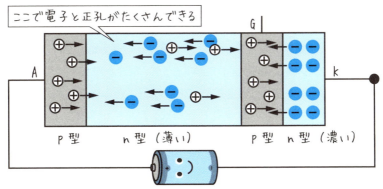

(c) ゲート電圧を切った後；ON

図 6.2.2：サイリスタの動作

難易度 ★★

6-3 ▶ IGBT
~めっちゃ強いトランジスタ~

> ▶ 【IGBT】
> 入力を絶縁化したもの

　トランジスタと MOSFET のいいとこどりをしたのが IGBT です。**絶縁ゲートバイポーラトランジスタ**（Insulated Gate Bipolar Transistor）という長い名前なのですが、要は MOSFET のように酸化物で絶縁したゲートをもっているけれどバイポーラなトランジスタです。イメージとしては図 6.3.1 のように MOSFET を入力、トランジスタを出力に使っているような感じです。

　IGBT は図 6.3.2 のように、上部の n チャネル MOSFET のような部分と下部の pnp トランジスタのような部分からできています。ゲートに電圧がかかると上部の MOSFET が ON になり、p 型の中に反転層ができます。するとエミッタの p 型から電子が下に出られるようになって、コレクタの p 型まで到達し、下部の p 型からも正孔が上部に移動し、大きなコレクタ電流が流れるようになります。

　IGBT と等価な MOSFET とトランジスタを組み合わせた回路を考えると、図 6.3.3 のようになります。ちょうど n チャネルの MOSFET と pnp のトランジスタが組み合わされた形です。この回路図からもわかるように、入力は MOSFET で電圧駆動になっていますが、出力はトランジスタのコレクタとなります。このコレクタ電流は、図 6.3.2 のように、電流が流れる n 型（濃い・薄い）と下部の p 型の幅を大きくできるので、大きな電流を流しても大丈夫なのです。

　実は、MOSFET には、反転層がとても狭いために、あまり大きな電流を流せないという欠点がありますが、IGBT にすることによって大きな電流を流すことができるようになるというわけです。

140

図 6.3.1：MOSFET ＋トランジスタ＝ IGBT

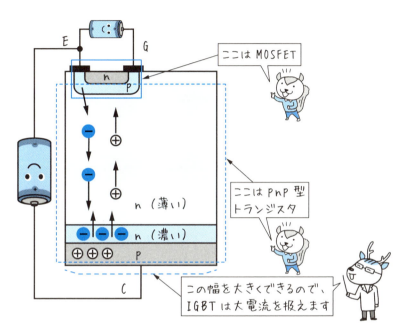

図 6.3.2：IGBT の仕組み

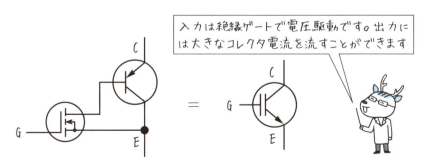

図 6.3.3：IGBT を MOSFET と pnp のトランジスタで表した

EXERCISES

第6章への演習問題

【1】 フォトカプラは電気信号を LED で光に変換し、フォトトランジスタで光を電気信号に変換するものです。結局同じ信号が出てくるのに、フォトカプラを利用する価値はどんなところにありますか？

演習問題の解答

【1】 LED 側の回路とフォトトランジスタ側の回路を電気的に切り離すことができるから（**6-1** 参照）。

【補足】 **6-1** ではフォトカプラの応用例としてノイズ対策を紹介しました。ほかにも、複数の増幅回路で電源が別々の場合（グラウンド＝電圧の基準が異なるとき）、増幅回路間の信号のやりとりをするときなどに利用できます。

COLUMN　ビームで攻撃

　ビーム（beam）は英語で「光の束」という意味です。映画やアニメで、主人公がまっすぐ進む光線を敵に発して攻撃するシーンなどを見たこと、ありませんか？こんなことって現実にできるのでしょうか？

　答えは Yes です。実際、レーザーのパワーをものすごく強くすると、レーザー光の当たった物質はとても狭い範囲で発熱します。実際、著者の友人はレーザーを使った実験中に、ネクタイがレーザーに当たって燃えてしまったそうです。

　ただし、レーザー光は途中で止めることができません。刀のように振り回そうとすると後ろ側に光が直進し、味方に当たってしまいます。映画やアニメに登場する、光る剣のようなものは作れないでしょう。

第 **7** 章

トランジスタを使った増幅回路

　トランジスタは「増幅作用」をもつ、とてもありがたい部品のため、その用途もたくさんあります。本章は、第3章で学んだトランジスタの性質を復習しながら読むといいでしょう。

難易度 ★★

7-1 ▶ 信号と電源
～交流と直流で区別しましょう～

> ▶【信号と電源】
> 信号は交流、電源は直流

　電子回路の世界では、信号と電源を区別して扱うことがよくあります。

　信号は交流で電源は直流ということが暗黙の了解です。図 7.1.1 (a) のように、マイクから出てくるような音声信号は時間とともに強さが変化する電気なので、「交流」に分類されます。一方、図 7.1.1 (b) の電池のように電源を供給する装置はいつも一定の電気を供給するので、「直流」に分類されます。半導体を使って信号を増幅するときは、直流の電気が半導体に供給されます。

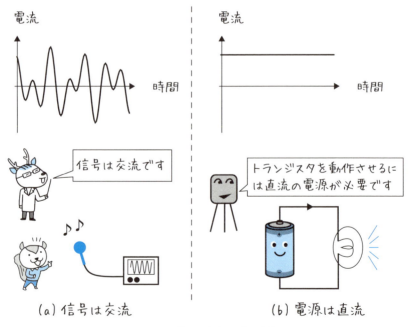

図 7.1.1：信号は交流、電源は直流

144

回路を設計していく上では、電気を交流の成分と直流の成分に分けて計算することが必要になります。部品の性質が交流と直流で異なるからです。信号である交流成分と電源である直流成分が混在することもあります。そこで交流成分と直流成分、混在した成分を表 7.1.1 のように表現することがあります。第 3 章の図 3.3.1 内の「量記号の見方」も参照してください。交流成分は小文字、直流成分は大文字、混在した成分は小文字に大文字の添え字で表記します。

　図 7.1.2 はトランジスタの入力部分の例です。入力信号 v_i〔V〕を交流電源の記号 ⊗ で示しています。そこに V_{BB}〔V〕の直流電源 ┿ が直列につながっていて、トランジスタのベース・エミッタ間には、次の電圧が加わります。

$$\underbrace{v_{BE}}_{\text{ベース電圧（合計の入力）}} = \underbrace{V_{BB}}_{\text{直流成分}} + \underbrace{v_i}_{\text{交流成分（入力信号）}}$$

表 7.1.1：直流成分・交流成分の表記方法

図 7.1.2 中の例	成分	表記方法	他の例
直流電圧 V_{BB}	直流成分のみ	大文字に大文字の添え字	I_B、I_C、V_{CE}
入力信号 v_i	交流成分のみ	小文字に小文字の添え字	i_b、i_c、v_{ce}
ベース電圧 v_{BE}	直流成分＋交流成分	小文字に大文字の添え字	i_B、i_C、v_{CE}

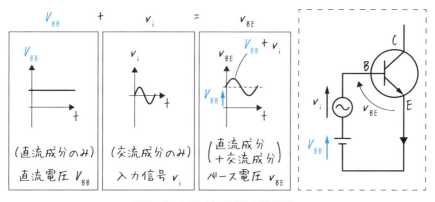

図 7.1.2：トランジスタの入力側での例

難易度 ★★

7-2 ▶ バイアスの考え方
～偏らせなければなりません～

> ▶【バイアス】
> 直流電源で偏らせる

　バイアス (bias) とは、偏見（へんけん）や先入観、偏（かたよ）った見方という意味です。日常生活では、「バイアスがかかる」といった表現を使います。たとえば、新聞社やテレビ局によって同じ話題の報道でも熱の入り方が違うのは、わかりやすいバイアスの例ですね。

　電子回路の場合は、トランジスタを動作させるために電圧をバイアスとして加えます。トランジスタは pn 接合でできた部品のため、順方向に電圧を加えないと動作しません。そこで、電子回路のバイアスでは意図的に電圧を偏らせ、順方向でも逆方向でもトランジスタが動作するようになっています。

　図 7.2.1 は、何もバイアスを加えていないときにトランジスタへ交流信号を入力したときの様子です。第 3 章の図 3.3.1 の回路で、直流電圧 V_{BB}〔V〕を交流

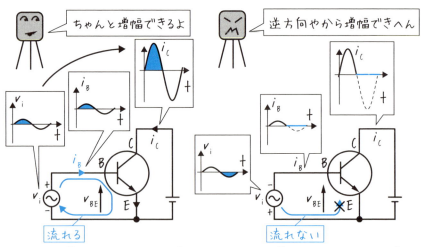

(a) ベース電圧 v_{BE} がプラスの瞬間　　(b) ベース電圧 v_{BE} がマイナスの瞬間

図 7.2.1：バイアスがないとき

信号 v_i〔V〕に置き換えたものです。(a)のように信号が順方向電圧[*1]となるときはベースからエミッタに向かってベース電流 i_B〔A〕が流れ、増幅作用によって大きなコレクタ電流 i_C〔A〕が流れます。しかし、(b)のように信号が逆方向電圧になるときはベース電流が流れなくなる[*2]ため、コレクタ電流も流れなくなってしまいます。トランジスタには、プラスもマイナスも混在したそのままの交流信号を入力することができないのです。

そこで、図 7.2.2 のようにバイアス電圧 V_{BB}〔V〕を導入します。トランジスタの入力には、入力信号 v_i〔V〕とバイアス電圧 V_{BB}〔V〕を合計した電圧が加わります。

$$\underbrace{v_{BE}}_{\text{ベース電圧(合計の入力)}} = \underbrace{V_{BB}}_{\text{直流成分(バイアス電圧)}} + \underbrace{v_i}_{\text{交流成分(入力信号)}}$$

v_i〔V〕のマイナスの成分よりも V_{BB}〔V〕が大きくなるようにバイアス電圧を決めることで、入力の v_{BE}〔V〕を常にプラスの値にすることができます。バイアスを加えることで、信号 v_i〔V〕がプラスであってもマイナスであってもベース電流 i_B〔A〕が流れて増幅され、大きなコレクタ電流 i_C〔A〕を出力として取り出せます。

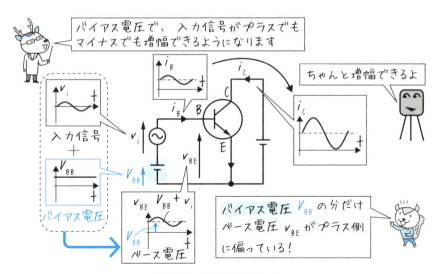

図 7.2.2：バイアスがあるとき

[*1] ベースが p 型、エミッタが n 型の半導体で、pn 接合されていることを思い出せば、v_{BE}〔V〕がプラスになるときが順方向電圧ですね。
[*2] pn 接合で逆方向電流は流れませんね。

難易度 ★

7-3 ▶ 接地とグラウンド
～いらないものを一気に捨てよう～

▶【接地とグラウンド】
接地は地球に、グラウンドは回路に

　接地（せっち）は電気的に大切な考え方です。図7.3.1のように地球に線をつなぐことを、接地やアースといいます。地球のことを英語でearth（アース）というからです。地球は人間の大きさに比べてとても大きく、電気を流しやすいため、電気の逃げ道に利用されています。電子レンジや洗濯機についている緑色のコードは、水漏れなどによって事故が起きたときに発生する危険な電気を地球に逃がす役割があります。

　電子回路でも接地は重要です。雷や他の電子機器から出る静電気や磁気の影響で、電子回路は常に不要な信号を受け取ることになります。この不要な信号は雑音（ノイズ）と呼ばれ、外から入らないことと外に出ないことの両方が求められます。専門用語では電磁両立性（でんじりょうりつせい／EMC：electromagnetic compatibility）と呼ばれています。

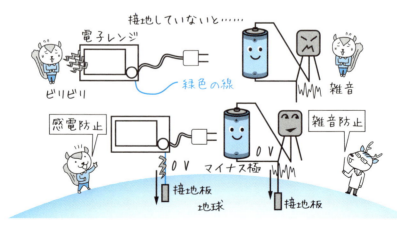

図7.3.1：地球はよく電気を通す

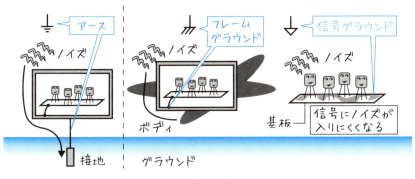

図 7.3.2：接地とグラウンド

ただし、スマートフォンのような小型で持ち運びができる機器ではアースなどできません。図7.3.2のように、本当に地面へ電気を逃がす道を作ることを**アース**、地面には接続していなくても回路の中で電位が同じになるように、できるだけ面積の大きい導体をつなぐことを**グラウンド（ground）**といいます。グラウンドのここでの意味は「大地」ではなく、電位の「底」を表しています[*1]。グラウンドには雑音が低減できるという、アースに近い働きがあります。グラウンドは、飛行機や車のようにボディ（地面にはつながっていません）を共通の導体にとる**フレームグラウンド**と、スマートフォンのように部品を配置する基板に大きな面積の導体を用いる**信号グラウンド**に大別されます。

回路の中では、主電源（増幅された電流を流すための電源）のマイナス極をグラウンドにとることが普通です。図7.3.3では V_{CC}〔V〕が主電源で、マイナス極につながっているグラウンドは青の太線で示されています。回路図にグラウンドの記号がなくても、電子回路の設計業者は、こうした基準になる線を暗黙の了解でグラウンドと認識して設計しています。電子回路でグラウンドにとるべき線は、**グラウンド線**とよく呼ばれています。

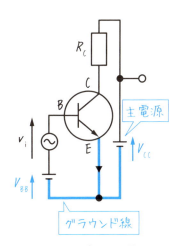

図 7.3.3：グラウンド線

[*1] ノイズ対策や EMC の専門書等でない限り、アースとグラウンドはあまり区別されません。本書でもこれ以降、特に断らない限り接地（アース）とグラウンドを区別しません。

難易度 ★★

7-4 ▶ コレクタ抵抗と 3つの基本増幅回路
～抵抗で電圧を取り出します～

> ▶【コレクタ抵抗】
> コレクタ電流を電圧に変える

7-2 の図 7.2.2 の回路に図 7.4.1 (a) のような抵抗 R_c〔Ω〕を入れると、両端に電圧 $R_c i_c$〔V〕が発生します[*1]。すると、グラウンドとコレクタの間に出力電圧 $V_{cc} - R_c i_c$〔V〕が発生します。このようにコレクタ電流から電圧を取り出すためにコレクタに接続する抵抗を、コレクタ抵抗といいます。

実はトランジスタには端子が 3 本あるため、接地する端子によって (a) エミッタ接地増幅回路、(b) ベース接地増幅回路、(c) コレクタ接地増幅回路の 3 種類が考えられます。(a) はエミッタがグラウンド[*2]に、(b) はベースがグラウンドに、(c) はコレクタがグラウンドに接続されています。一見、(c) のコレクタは電源 V_{cc}〔V〕に接続されているように見えますが、信号（交流）成分の電流を考えるとき、直流電圧は 0 V（短絡）とするため（**7-15** 参照）、コレクタはグラウンドにつながっているといえます。

この第 7 章では基本の (a) エミッタ接地増幅回路から説明していきますが、本節では直流電源のつなぎ方だけ説明しましょう。

まずはバイアス用の直流電源から説明します。npn 型トランジスタの場合、ベースとエミッタに pn 接合があって、BE 間はダイオードのアノード（A）とカソード（K）とみなすことができます。つまり、ベースをプラス側、エミッタをマイナス側の電圧にする必要があります。よって、バイアスの電源はベースにプラス極、エミッタにマイナス極をつなぐ必要があります。

次に、主電源について説明します。増幅された電流を流すための電源 V_{cc}〔V〕はコレクタに向かう電流を流す必要があるため、コレクタ側をプラス極につなげます。グラウンドの考え方から、マイナス極は当然グラウンドにつながります。

[*1]　オームの法則（電圧は抵抗と電流の積）より。
[*2]　本当にエミッタを地球に接地しているのではなく、グラウンドにつなぐ、つまり主電源のマイナス極につなぐという意味が強いです。エミッタ接地の回路すべてが本当にアースしてあるわけではありません。**7-3** の脚注 *1 を参照してください。

150

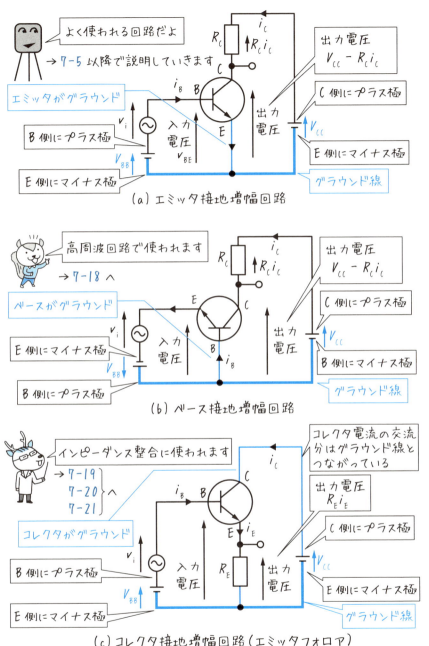

図 7.4.1：トランジスタの3つの基本増幅回路

難易度 ★★

7-5 ▶ エミッタ接地増幅回路の基本動作
～直流と交流に分けて考えよう～

> ▶【エミッタ接地増幅回路】
> 電圧の入力と出力が反転 ➡ 逆位相！

ここでは図7.5.2のエミッタ接地増幅回路が動作するとき、回路の各場所で電圧や電流がどう動作しているかを理解しましょう。入出力の電圧は、図7.5.1の v_1〔V〕と v_2〔V〕のように正負が反転した逆位相になります。

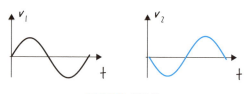

図7.5.1：逆位相

- ①入力信号 v_i〔V〕、②バイアス V_{BB}〔V〕、③入力電圧（ベース電圧）v_{BE}〔V〕：
  7-2 で説明した通り、交流である信号に直流のバイアスが加わっています。
- ④入力電流 i_B〔V〕：ベースにバイアスの入っている電圧 v_{BE}〔V〕が加わることで、ベースは $i_B = I_B + i_b$ となり、直流成分と交流成分の合わさったものが入力電流として流れ込みます。
- ⑤出力電流（コレクタ電流）i_C〔A〕：**3-5** で学んだように、ベース電流 i_B〔A〕が流れると、コレクタ電流は小信号電流増幅率 h_{fe} 倍になった $i_C = h_{fe} i_B$ となります。
- ⑥コレクタ抵抗の電圧 $R_C i_C$〔V〕：オームの法則から、コレクタ抵抗の電圧は $R_C i_C$〔V〕となります。i_C〔A〕が R_C 倍になっているだけなので、i_C〔A〕と波形は同じです。
- ⑦出力電圧 v_{CE}〔V〕：回路図から、出力電圧 v_{CE}〔V〕はグラウンドからコレクタ端子までの電圧です。これは、主電源 V_{CC}〔V〕からコレクタ抵抗の電圧 $R_C i_C$〔V〕を引いたものと同じになり、$v_{CE} = V_{CC} - R_C i_C$ となります。
- ⑧出力電圧の交流成分（図7.5.3のみ）v_{ce}〔V〕：図7.5.3に出力電圧の交流成分だけを抽出した v_{ce}〔V〕を示します。

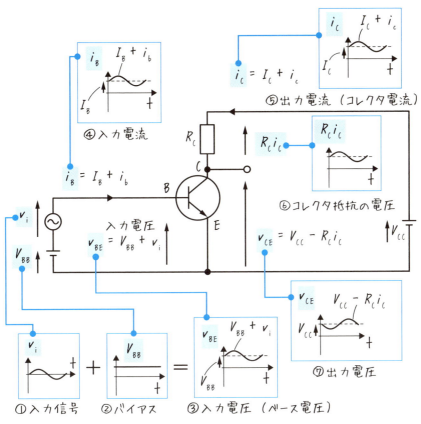

図 7.5.2：エミッタ接地増幅回路が動作しているときの電圧・電流

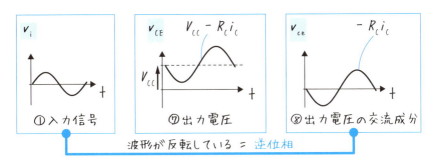

図 7.5.3：入力電圧と出力電圧の交流成分が反転している様子

7-5 ▶ エミッタ接地増幅回路の基本動作　**153**

難易度 ★★

7-6 ▶ トランジスタの電圧と電流の関係
～グラフを読めば何とかなります～

▶【非線形な量の関係】
グラフに頼れ！

　電子回路の電圧や電流の関係は基本的に非線形[*1]になります。非線形な関係は「比例」のような簡単な式で表すことができません。そこで、非線形になる電圧と電流の関係は実験で測定してグラフにします。ここでは電圧と電流の関係のグラフを使って、入力信号の波形から出力信号の波形を導く方法を説明します。

　たとえば、図 7.6.1 のように入力電圧 v_{BE}〔V〕を加えたとき、入力電流 i_B〔A〕がどうなるかを考えてみましょう。v_{BE}〔V〕は 0.6 V を中心に ± 0.05 V の幅で振動するとします。

$$v_{BE} = \underline{V_{BB}} + \underline{v_i} \quad \text{交流}(-0.05 \text{ V から}+0.05 \text{ V までの間を振動})$$
$$\phantom{v_{BE} = V_{BB}} \text{直流}(0.6 \text{ V})$$

　このときのベース電圧とベース電流の関係は、第 3 章の図 3.5.2 の静特性で示しました。図 7.6.2 に示す通り、図 3.5.2 の (3) 入力どうしの関係から I_B〔A〕と V_{BE}〔V〕の関係を抽出し、グラフを回転させて v_{BE}〔V〕の波形の最小値と最大値をグラフにあてがうことで、i_B〔A〕の波形の様子も読み解くことができます[*2]。

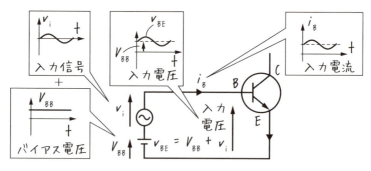

図 7.6.1：電圧と電流の関係

[*1] p.8 の「電気回路と電子回路の違い～線形か非線形か～」参照。
[*2] グラフがまっすぐではないので本当は電流波形が少しゆがみます。実際にトランジスタを動作させるときは、波形のゆがみが回路全体の動作に問題がない、ゆがみの小さな範囲で使用します。

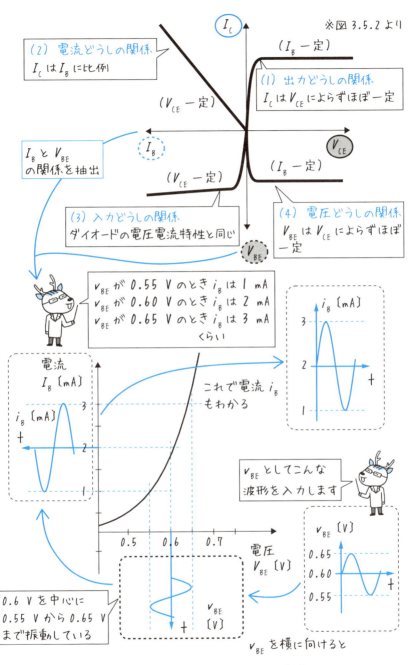

図 7.6.2：図 3.5.2 のグラフから電圧と電流の関係を求める

難易度 ★★★

7-7 ▶ 負荷線
～トランジスタの出力の、電圧と電流の関係～

> ▶【負荷線】
> トランジスタの出力の、電圧と電流の関係を表す線

　トランジスタの出力の、電圧と電流の関係を表す線を**負荷線**（ふかせん）といいます。図 7.7.1 のエミッタ接地増幅回路で出力電圧 V_{CE}〔V〕と出力電流 I_C〔A〕（コレクタ電流）の関係を調べてみましょう。第3章の図 3.5.2 で V_{CE}〔V〕と I_C〔A〕に注目して抜粋すると、図 7.7.2（a）のような関係になります。(a) は単純化するために「ベース電流 I_B は一定」としてグラフに示したものですが、いろいろなベース電流の値についてグラフを描くと (b) のようになります。

　トランジスタの直流電流増幅率を 100、つまり I_C〔A〕が I_B〔A〕の 100 倍になるとします。このときの V_{CE}〔V〕と I_C〔A〕の関係を描くと、図 7.7.3 のようになります[*1]。これでベース電流 I_B〔A〕、コレクタ電流 I_C〔A〕、出力電圧 V_{CE}〔V〕の関係をまとめることに成功しました。

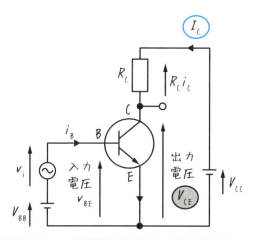

図 7.7.1：エミッタ接地増幅回路の電圧と電流の関係を調べよう

[*1] I_B〔A〕の値は 1 mA から 5 mA までの 5 つだけにしていますが、1.2 mA や 1.8 mA など、間に来る線を描くことも可能です。

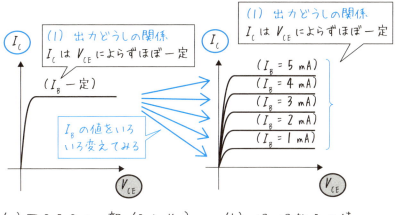

図 7.7.2：図 3.5.2 の一部（I_C と V_{CE}）

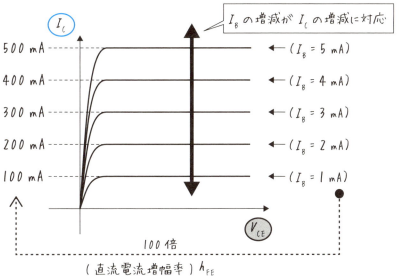

図 7.7.3：ベース電流 I_B、コレクタ電流 I_C、出力電圧 V_{CE} の関係を入れた

次に、入力であるベース電流が変化したとき、出力電圧 V_{CE}〔V〕と出力電流（コレクタ電流）I_C〔A〕がどうなるかを図 7.7.4 で考えましょう。交流成分は後で考えるとして、値が一定である直流成分を考えます。

図 7.7.4 の回路図を見ると、コレクタ抵抗の電圧 $R_C I_C$〔V〕と出力電圧 V_{CE}〔V〕の合計は電源電圧 V_{CC}〔V〕です。式で書くと、

$$R_C I_C + V_{CE} = V_{CC} \quad \cdots\cdots \text{（\#）}^{*2}$$

となります。そのため、出力電圧 V_{CE}〔V〕は 0 V より大きく、電源電圧 V_{CC}〔V〕より小さくなります。同時に、コレクタ電流 I_C〔A〕の範囲も決まります。

具体的に、電源電圧 V_{CC} = 12 V、コレクタ抵抗 R_C = 30 Ω として出力電圧 V_{CE}〔V〕と出力電流（コレクタ電流）I_C〔A〕の範囲を決めてみましょう。出力電圧 V_{CE}〔V〕の値が 0 V と 12 V の間になることは、先ほど説明した通りです。コレクタ電流の範囲は、出力電圧 V_{CE}〔V〕が 0 V と 12 V のときの 2 つの場合で調べてみましょう。

● V_{CE} = 0 V のとき

電源電圧すべてがコレクタ抵抗に加わり、$R_C I_C$ = 12 V となります。そこから、次のように求められます。図 7.7.4 では★の位置になりますね。

$$I_C = \frac{V_{CC}}{R_C} = \frac{12 \text{ V}}{30 \text{ Ω}} = 0.4 \text{ A} = 400 \text{ mA}$$

● V_{CE} = 12 V（V_{CC}）のとき

こちらは簡単で、電源電圧すべてが出力電圧になり、$R_C I_C$ = 0 V となります。よって I_C = 0 A で、図 7.7.4 では☆の位置になります。

以上のことから、V_{CE}〔V〕は 0 V と 12 V の間、I_C〔A〕は 0 mA と 400 mA の間を動くことがわかりました。図 7.7.4 のように、出力電圧 V_{CE}〔V〕と出力電流（コレクタ電流）I_C〔A〕が動ける範囲（★と☆の間）を線（—）で結んだものを、負荷線といいます。負荷線はトランジスタが動作できる範囲を教えてくれます。コレクタ抵抗や電源電圧が変わると、負荷線の場所も変化します。

---

*2　数学が得意な方は、式（\#）を変形すると $I_C = -V_{CE}/R_C + V_{CC}/R_C$ という一次関数になり、I_C を y 軸、V_{CE} を x 軸とした直線が負荷線であることがわかると思います。

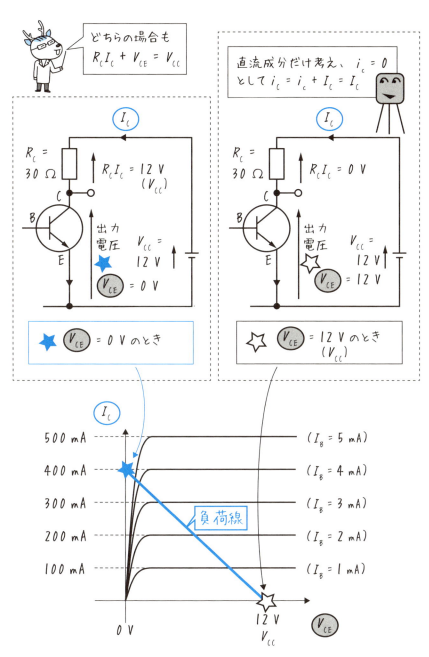

図 7.7.4：コレクタ抵抗 R_C が 30 Ω の負荷線

難易度 ★★★

7-8 ▶ 動作点
〜入力信号がゼロのときです〜

> ▶【動作点】
> 無信号で動作しているところ

　この節から、エミッタ接地増幅回路の入力から出力を求めていきます。そのとき、負荷線で入力信号がゼロになるところが設計上重要になります。

　図7.8.1のエミッタ接地増幅回路で入力電圧 v_{BE}〔V〕から入力電流 i_B〔A〕を求める方法は **7-6** で説明しましたが、ここでは負荷線を使って出力電流 i_C〔A〕と出力電圧 v_{CE}〔V〕を求める方法を解説します。

　7-6 で求めたように入力電流 i_B〔A〕の値はもうわかっているので、図7.8.2のように負荷線の右側へ i_B〔A〕を並べてみましょう（①）。すると、②のように i_B

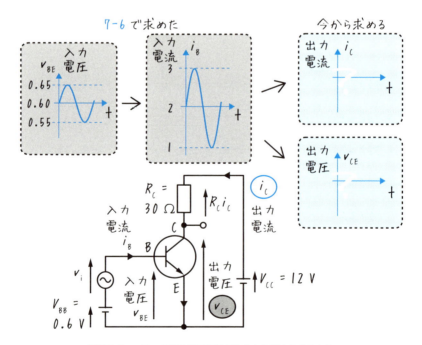

図7.8.1：エミッタ接地増幅回路で入力から出力を求めよう

〔A〕の範囲から i_C〔A〕の範囲もわかりますね。そして③の i_C〔A〕の範囲に対応する④の v_{CE}〔V〕の範囲もわかります。

ここで、入力信号がゼロになったときを考えましょう。いま、入力信号 v_i〔V〕は ⋀⋁ という波形を考えていました。図 7.8.3 のようにこれがゼロになるとき、v_{BE}〔V〕は常に 0.6 V になります。そのときの入力電流 i_B〔A〕は 2 mA です。i_B〔A〕が 2 mA となるところを負荷線上で探すと、i_C〔A〕が 200 mA、v_{CE}〔V〕が 6 V になるところです。このように、入力信号がゼロでトランジスタが動作しているときの負荷線の場所を**動作点**といいます。

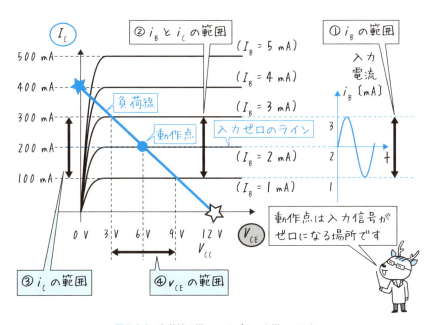

図 7.8.2：負荷線の横に i_B のグラフを描いてみた

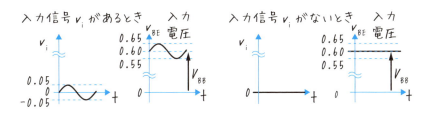

図 7.8.3：入力信号 v_i があるときとないときの入力電圧 v_{BE}

7-8 ▶動作点　　**161**

図 7.8.2 で出力電流 i_C〔A〕と出力電圧 v_{CE}〔V〕の波形の範囲（一番大きいところ・小さいところ・中心）がわかりました。i_C〔A〕は 200 mA を中心に 100 mA から 300 mA まで振動しています。v_{CE}〔V〕は 6 V を中心に 3 V から 9 V まで振動していることがわかります。グラフにすると図 7.8.4 のようになります。

このグラフでは、i_C と混同しないよう、入力電流 i_B〔A〕を負荷線の傾きに合わせて回転させて斜めに表す習慣があります。また、このグラフの場合はどうしても横軸だけでなくいろいろな方向に時間軸が向いてしまうところに注意しましょう。他の電子回路の書籍でも、このように描いたグラフが掲載されています。それだけ重要だということです。

図 7.8.4 のグラフを見慣れていない方もいると思いますので、横軸に時間軸をとったものを図 7.8.5 に掲載しておきます。コレクタ抵抗によって、出力電圧が

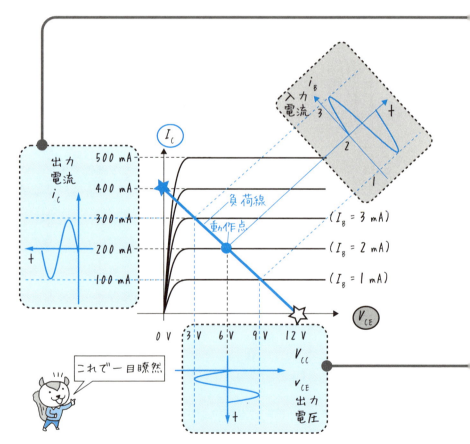

図 7.8.4：エミッタ接地増幅回路が動作しているときの電圧・電流

入力と逆位相になっていますね。

　電圧と電流が何倍になっているかも調べておきましょう。**pp 値**（ピークピーク値）は、波形の最大値と最小値の差をいいます。入力電圧 v_{BE}〔V〕の場合は最大値が 0.65 V、最小値が 0.55 V なので、pp 値は 0.65 V − 0.55 V = 0.1 V となります。出力電圧の pp 値は 6 V なので、6 V / 0.1 V = 60 と、電圧は 60 倍に増幅されたことになります。図 7.8.4 では 60 倍にもなっているようには感じられないかもしれませんが、グラフの目盛りが全然違うことに気をつけてくださいね。

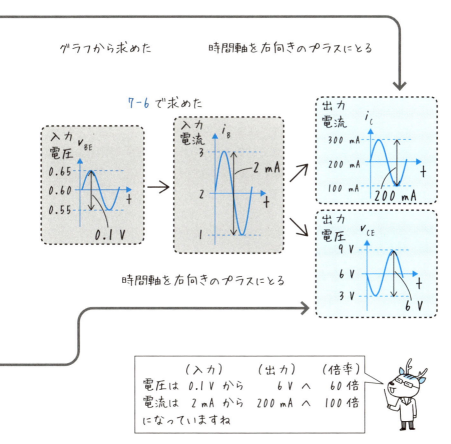

図 7.8.5：各グラフを抽出して回転表示させた

難易度 ★★

7-9 ▶ 増幅率
～電流・電圧・電力で考えましょう～

> ▶【増幅率】
>
> 電流増幅率・電圧増幅率・電力増幅率の3つがある
>
> ⬇
>
> いずれも、出力／入力
>
> 電流増幅率→ $A_i = \dfrac{i_C}{i_B}$ ←出力電流 ←入力電流
>
> 電圧増幅率→ $A_v = \dfrac{v_{CE}}{v_{BE}}$ ←出力電圧 ←入力電圧
>
> 電力増幅率→ $A_p = \dfrac{P_o}{P_i}$ ←出力電力 ←入力電力

　7-8 の最後で電圧と電流の倍率を計算しました。それに電力を加えて、上記のような3つの**増幅率**が決められています。上記の式は、図 7.9.1 の回路での入出力で表されています。いずれも「出力／入力」という量です。

　具体的に計算するときは、入出力の値に図 7.9.2 のように pp 値を使うと便利です。最大値で計算したいときは、バイアスを取り除いて（交流成分のみを抽出して）計算しましょう。正弦波交流での実効値は、最大値を $\sqrt{2}$ で割った値[*1]です。もちろん実効値で計算しても増幅率は同じになります。

　電力増幅率を計算するときは電圧と電流の実効値を知る必要があります。最大値から実効値に直して計算しましょう。このとき、バイアスを取り除いた信号成分（交流）のみで計算しましょう。バイアスで増幅した電力は損失にしかならないからです。

　電力増幅率は、次ページのように計算します。とても大きな値になりますね。

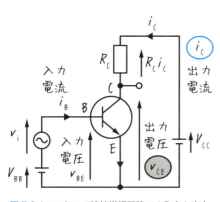

図 7.9.1：エミッタ接地増幅回路での入力と出力

[*1] 詳しくは「文系でもわかる電気回路 第2版」（翔泳社刊）などをご参照ください。

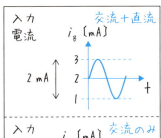
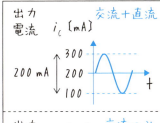
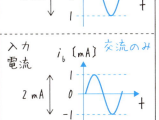
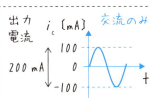

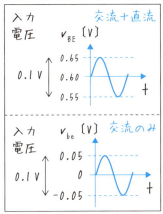
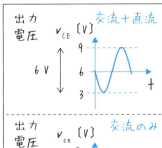
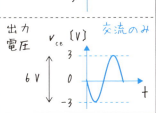

図 7.9.2：pp 値はバイアスが入っても変わらない。最大値は変わる

$$P_\mathrm{i} = V_\mathrm{i} I_\mathrm{i} = \frac{v_\mathrm{be}\text{の最大値}}{\sqrt{2}} \frac{i_\mathrm{b}\text{の最大値}}{\sqrt{2}} = \frac{0.05\ \mathrm{V}}{\sqrt{2}} \frac{1\ \mathrm{mA}}{\sqrt{2}} = 0.025\ \mathrm{mW}\ (25\ \mathrm{\mu W})$$

入力電圧の実効値　入力電流の実効値

$$P_\mathrm{o} = V_\mathrm{o} I_\mathrm{o} = \frac{v_\mathrm{ce}\text{の最大値}}{\sqrt{2}} \frac{i_\mathrm{c}\text{の最大値}}{\sqrt{2}} = \frac{3\ \mathrm{V}}{\sqrt{2}} \frac{100\ \mathrm{mA}}{\sqrt{2}} = 150\ \mathrm{mW}$$

出力電圧の実効値　出力電流の実効値

$$A_\mathrm{p} = \frac{P_\mathrm{o}}{P_\mathrm{i}} = \frac{150\ \mathrm{mW}}{0.025\ \mathrm{mW}} = 6000$$

難易度 ★★

7-10 ▶ 利得
〜増幅率の log をとるとちょうどよくなります〜

> ▶【利得】
> 増幅率の log の底、20 と 10 をお間違えなく。単位はデシベル
> 電流利得 → $G_i = 20 \log_{10} A_i$ 〔dB〕……20 倍
> 電圧利得 → $G_v = 20 \log_{10} A_v$ 〔dB〕……20 倍
> 電力利得 → $G_p = 10 \log_{10} A_p$ 〔dB〕……10 倍

テレビの音量もデシベル

7-9 で電流・電圧・電力の増幅率を計算しました。そのままではいずれも大きな値になりますが、人間の耳や目には、100 倍という電流の倍率であっても感覚的には 2 倍ほどの強度にしか感じられないそうです。そこで、増幅率に常用対数[*1] $\log_{10}$ をとった 3 つの利得（りとく）が決められています。

電流と電圧の利得には 20 倍、電力利得には 10 倍という係数がついています。電力利得の単位は、本当は B（ベル）です。電話を発明したアメリカのベル先生の専門は電気ではなく音声学だったため、音量の単位はベル先生の功績を称えて、その名前からつけられました。ただし、電力の常用対数をとると、日常使用する単位としては少々不便な小数第 1 位までという細かい数字が出てしまうため、接頭語の d（デシ）[*2] をつけて 10 倍したのです。そこでできた単位が dB（デシベル）です。テレビなどの音量も、デシベルに相当するものになります。

電圧利得と電流利得には 20 という係数がついています。電力利得の場合、電圧と電流の積である電力から log を計算するのですが、電圧利得と電流利得は電圧か電流のどちらか片方になってしまいます。その大きさの違いを補正するために 2 倍の違いがつけられています。

具体的な証明は数学の書籍[*1] に譲るとして、ここでは利得の計算に最低限必要な公式を掲載します。

[*1] 詳しくは「文系でもわかる電気数学」（翔泳社刊）などをご参照ください。
[*2] あまり見かけない接頭語ですが、dL（デシリットル）など、体積 L（リットル）に合わせて使われます。$10^{-1} = 0.1$ という大きさにつけるのでしたね。

$$\log_{10} 10^a = a \ \cdots \cdots \ (1) \ \text{常用対数の定義。要は指数が下りてくる}$$
$$\log_{10} AB = \log_{10} A + \log_{10} B \ \cdots \cdots \ (2) \ \text{掛け算は足し算になる}$$
$$\log_{10} A/B = \log_{10} A - \log_{10} B \ \cdots \cdots \ (3) \ \text{割り算は引き算になる}$$

7-9 の増幅率を使って、3つの利得を求めてみましょう。

電流利得 $G_i = 20 \log_{10} A_i = 20 \log_{10} 100 = 20 \log_{10} 10^2$
$\qquad = 20 \times 2 = 40 \ \text{dB}$　　　↑式（1）より

電圧利得 $G_v = 20 \log_{10} A_v = 20 \log_{10} 60 = 20 \log_{10} (2 \times 3 \times 10)$
$\qquad = 20 (\log_{10} 2 + \log_{10} 3 + \log_{10} 10)$　←式（2）より
$\qquad = 20 (0.3010 + 0.4771 + 1) \fallingdotseq 36 \ \text{dB}$
　　　　　　↑常用対数表 or 電卓での計算より

電力利得 $G_p = 10 \log_{10} A_p = 10 \log_{10} 6000$
$\qquad = 10 \log_{10} (2 \times 3 \times 10^3)$
$\qquad = 10 (\log_{10} 2 + \log_{10} 3 + \log_{10} 10^3)$
　　　　　　↑式（2）より
$\qquad = 10 \times (0.3010 + 0.4771 + 3) \fallingdotseq 38 \ \text{dB}$
　　　　　　↑常用対数表 or 電卓での計算より

　どの利得の値も整数で2桁程度となり、日常使う数字としてわかりやすくなりました。このことから、増幅器などの増幅の能力は一般的に利得が使われています。

　なお、上記の利得の計算には、常用対数表からの引用や電卓を使った部分があります。これは、真数が10の指数で表されない場合は上記の式（1）が使えないため、常用対数表や電卓を頼るしかないからです。たとえば、$100 = 10^2$などは $\log_{10} 100 = \log_{10} 10^2 = 2$ というようにすぐに log の値を求められますが、2や3は 10^x という形に変形できませんね。

　最後に、増幅率の A という記号は、Amplification（アンプリフィケーション：増幅）、利得の G は Gain（ゲイン：利得）の頭文字です。添え字の i・v・p は、電流・電圧・電力を意味しています。

難易度 ★★★

7-11 ▶動作点とバイアス
〜動作点は自由に設定できます〜

? ▶**【動作点の選び方】**
きれいに増幅できるように選びます

　動作点はバイアスを変えることで自由に選べます。図 7.11.1 (b) はバイアスをちょうどいいときに設定しているときの入出力の関係です。(a) はバイアスを大きくし過ぎたとき、(c) はバイアスが足りないときの様子です。入力波形 i_B は $\bigvee$ ときれいな形をしていますが、負荷線からはみ出す領域では出力波形 i_C と v_{CE} が $\bigvee$ や $\bigwedge$ となって波形の上の部分や下の部分が切れてしまいます。負荷線からはみ出す領域では出力電圧も 0 V と電源電圧（V_{CC}〔V〕）の範囲に収まらず、出力電流も 0 A から電流の上限 V_{CC}/R_C〔A〕[1] をはみ出してしまうからです。

　このように動作点の設定を誤ると、入力信号が変形されて出てきてしまいます。ところが、この動作点をあえて変わったところにとることで、とても大きな電力を増幅することができるようになります。

　$\bigvee$ や $\bigwedge$ というように、波形の一部を切り取るような操作を**クリッパ**といい、波形を変えたいときにあえて利用することがあります。

　図 7.11.2 は、図 7.11.1 (b) と同じ動作点で、入力を変えたときの様子を表しています。図 7.11.2 (b) は図 7.11.1 (b) と同じで、ちょうどいい入力の大きさのときです。(c) は無信号のときの様子です。出力電圧と電流がちょうど動作点のところで止まっています。(a) は入力が大きすぎるときで、波形の上端も下端も切れてしまっています。このことから、増幅回路はいつも同じ倍率で信号を増幅するわけではなく、電源の能力を上限とした増幅能力をもっていることがわかります。

---

[1]　電流の上限は、V_{CE} が 0 V のときのコレクタ電流です。負荷線を求めるときに登場しています。

168

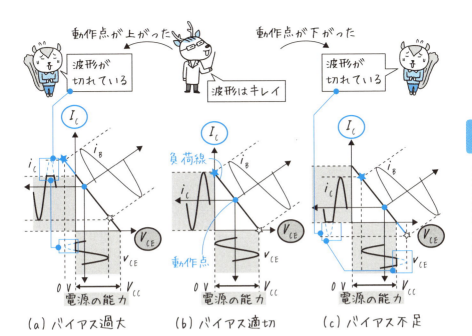

図 7.11.1：動作点を変えたとき

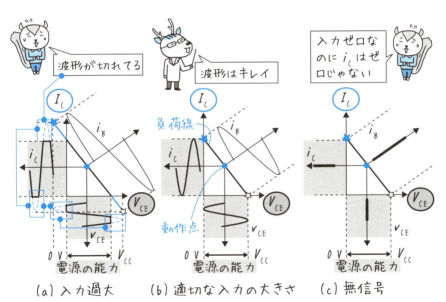

図 7.11.2：入力を変えたとき

7-11 ▶ 動作点とバイアス

7-12 ▶ バイアス回路の必要性
～電池じゃダメなんです～

▶【バイアス回路の考え方】
安定性と予算の都合

　これまではバイアスを加えるのに、図7.12.1のように2つの電源を使ってきました。これでも動作はしますが、安定しません。第3章で説明したようにトランジスタはpn接合でできており、図7.12.1の2つのグラフのように温度によって大きな変化が起こる部品です[*1]。トランジスタが動作し始めるベース電圧 V_{BE} 〔V〕や h_{FE} が温度によって変わると、出力は大きく変化してしまいます。図7.12.1

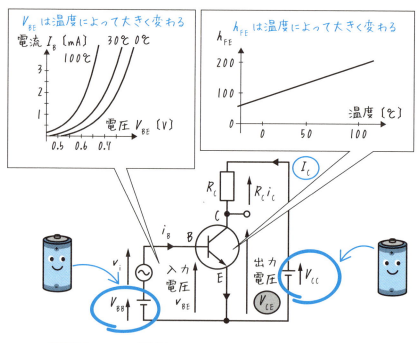

図7.12.1：エミッタ接地増幅回路。このままだと電池が2つ必要で熱に弱い

---

*1　pn接合に使われる半導体は、温度が上がると電気を流しやすくなります（第1章参照）。

のグラフを見ると、温度が数十℃変わると V_{BE}〔V〕は 0.1 V 程度、h_{FE} は数十も変化していますね。これだけ変化があると動作点も変化して、**7-11** で学んだような出力波形がおかしなことになってしまうのです。波形がおかしくなり、さらに温度が上がることで、温度上昇が続く**熱暴走**（ねつぼうそう）も起こり得ます。つまり、そのままの回路では温度に弱いのです。それに加え、トランジスタという部品そのものが h_{FE} にばらつきをもっています。同じ型番の部品でも、最大で 2 倍程度、h_{FE} が異なることは普通です。

　これらのことから、バイアスのために回路を作り、トランジスタの動作を安定させるための工夫が必要となります。そこで、電源・電池を 2 つも使うような図 7.12.1 の回路ではなく、1 つの電源・電池（図 7.12.2 でいえば V_{CC}〔V〕）を共有する方法を使うのが一般的です。

　図 7.12.3 のように、電子部品の一般的な値段でいえば、電源・電池はトランジスタよりも高いので、抵抗をうまく組み合わせて 1 つの電源・電池を共有すれば、回路全体の価格も安く、しかも安定した動作をする回路を作ることができます。バイアス回路はこういった目的で利用されます。

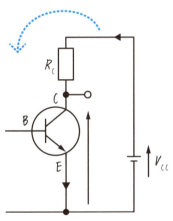

図 7.12.2：V_{CC} をうまく共有できないか

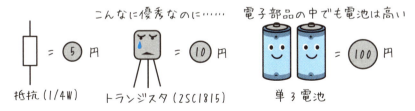

図 7.12.3：電子部品の値段例

7-13 ▶ バイアス回路のいろいろ
〜状況に応じて使い分けます〜

▶【固定バイアス回路】
簡単だけど**不安定**

　バイアス回路の中で一番簡単なのが、**固定バイアス回路**です。図7.13.1のように、抵抗 R_B〔Ω〕を使って V_{CC}〔V〕からベース電流をとります。電源から固定されたベース電流を獲得するので、「固定バイアス」と呼ばれます。この抵抗はベース電流を獲得する抵抗なので、添え字をBにしています。

　動作点を求めるには、入力信号がないときの出力を調べればよいので、図7.13.1のように入力信号を取り除いて直流成分を考え、コレクタ電流を求めます。ベース電流は、R_B〔Ω〕の両端の電圧が $V_{CC} - V_{BE}$〔V〕なので、オームの法則より式(1)で求められます。コレクタ電流はベース電流の h_{FE} 倍で、式(2)になります。**2-9** と **7-6** で学んだように、式(1)の V_{BE}〔V〕はシリコンの場合で0.6 V 程度です[*1]。温度による変化は0.1 V 程度で、一般的な電源電圧 V_{CC} より小さ

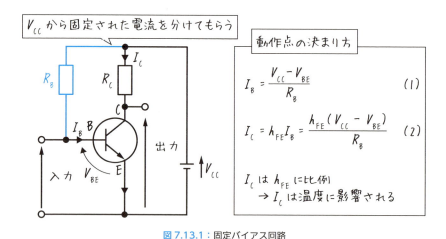

図7.13.1：固定バイアス回路

[*1] BE 間は pn 接合でできていて、シリコンの場合 0.6 V 程度の順方向電圧で十分な電流が流れます。

い[*2]ため、ベース電流は温度変化しないとみなせます。

しかしコレクタ電流は、式 (2) のように h_{FE} に比例しているので、直接温度の変動を受けることになり、温度に対して不安定です。そのため、部品点数を少なくできる固定バイアス回路は、単に ON・OFF 程度の信号を増幅することなどに使われます。

▶【自己バイアス回路】
それなりに安定だけど利得が小さい

固定バイアス回路と回路の様子は似ていますが、抵抗 R_B〔Ω〕を電源ではなくコレクタにつなぎかえるだけで、図 7.13.2 の自己バイアス回路ができます。この回路は安定で、たとえば温度が上がって I_C〔A〕が増えても、①温度上昇で I_C〔A〕が増える、② R_C〔Ω〕の電流も増えて R_C〔Ω〕の電圧が増え、V_{CE}〔V〕が減る ($V_{CE} = V_{CC} - (R_C の電圧)$)、③ V_{CE}〔V〕が減ると I_B〔A〕も減る (式 (3))、④ I_C〔A〕が減る (式 (4))、というように自分自身で元に戻そうとして、安定化するのです。そのため、この回路は「自己バイアス」と呼ばれています。

また、電流 I_C〔A〕が増えたときに電圧 V_{CE}〔V〕が減り、出力の電流の変化を入力の電圧に戻しているため、電圧帰還（でんあつきかん）バイアス回路とも呼ばれます、電圧帰還バイアス回路は利得が小さくなってしまいます。

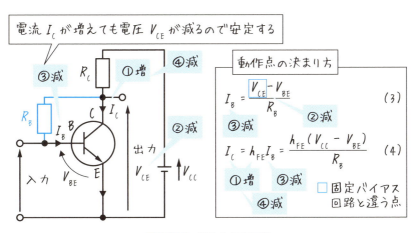

図 7.13.2：自己バイアス回路

---

*2　単 3 電池 1 本でも 1.5 V あります。2 本使えば 3.0 V、4 本で 6.0 V ですね。

> ▶【電流帰還バイアス回路】
> 超安定だけど損失が大きい

バイアス回路の中で一番よく使われるのが電流帰還（でんりゅうきかん）バイアス回路です。図 7.13.3 のように、抵抗 R_A〔Ω〕と R_B〔Ω〕を使って V_{CC}〔V〕を分割し、ベース電圧 V_B〔V〕を固定します。V_{CC}〔V〕が抵抗 R_A〔Ω〕と R_B〔Ω〕で分圧されるとき、V_B〔V〕（R_A〔Ω〕の両端電圧）の式は、

$$V_B = \frac{R_A}{R_A + R_B} V_{CC}$$

となります。抵抗 R_A〔Ω〕、R_B〔Ω〕も電源電圧 V_{CC}〔V〕も温度によってほとんど変わらない[*3]ので、V_B〔V〕の値は温度によらず固定されます。抵抗 R_A〔Ω〕と R_B〔Ω〕のコンビは、電源 V_{CC}〔V〕を分割してベース電圧を切り出しているのでブリーダ抵抗と呼ばれています[*4]。

R_A〔Ω〕の電流 I_A〔A〕はブリーダ電流と呼ばれています。I_B〔A〕が変動しても、できるだけ V_B〔V〕は一定としたいので、ブリーダ電流 I_A〔A〕の値がベース電流 I_B〔A〕の 10 倍以上になるようにブリーダ抵抗を選びます。電源から R_B〔Ω〕へは $I_A + I_B$〔A〕の電流が流れるので、I_A〔A〕を十分大きくとっておけば I_B〔A〕が少々変動しても I_A の変動は無視できます。すると $V_B = I_A R_A$ なので、V_B〔V〕

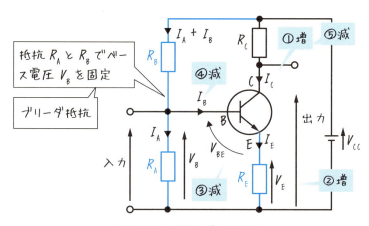

図 7.13.3：電流帰還バイアス回路

[*3] 抵抗器の抵抗や電池の電圧にも温度変化はありますが、半導体の性質（h_{FE} など）の温度変化に比べるととても小さいです。
[*4] 動物を育てるブリーダ（breeder）ではなく、「出血させる」（bleeder）という意味の言葉です。容器から水や空気を抜き出すときにも使います。

も安定するのです。

　V_B〔V〕を安定させたうえで、もう1つの抵抗 R_E〔Ω〕がこの回路を安定させます。温度が上昇して I_C〔A〕が増加しても、①温度上昇で I_C〔A〕が増える、②エミッタ電流 I_E〔A〕も増えて V_E〔V〕も増える（$I_E = I_C + I_B$ と $V_E = R_E I_E$）、③ V_B〔V〕が一定なので V_{BE}〔V〕が減る（$V_{BE} = V_B - V_E$）、④トランジスタの電流電圧特性（I_B-V_{BE}）から、I_B〔A〕も減る、⑤ I_C〔A〕も減る（$I_C = h_{FE} I_B$）という流れで安定化します。

　しかも **2-9** と **7-6** で学んだように、④の段階では V_{BE}〔V〕が少し変化しただけで I_B〔A〕の値は大きく変化するため、すぐに安定に向かいます。このため、電流帰還バイアス回路の安定度は高いといえます。ただし、ブリーダ電流を流しておかないといけないため、損失が大きくなるというデメリットがあります。この一連の流れのように、コレクタ電流の変化を抵抗 R_E〔Ω〕の電圧を介して I_B〔A〕という入力電流に戻して反映しているため、このバイアス回路には「電流帰還」という名前がついています。

　エミッタの抵抗 R_E〔Ω〕はバイアスを安定させる働きがあるため、**安定抵抗**とも呼ばれています。安定抵抗を大きくして V_E〔V〕を大きくするほど I_C〔A〕の変化に対して V_E〔V〕の変化も大きくなり、安定度は大きくなります。ただし、図 7.13.4 のように信号成分がこの R_E〔Ω〕を通過する際に電力を消費してしまうため、あまり大きくすると損失になります。そこで、交流である信号成分だけは安定抵抗を通らないように別の道を作る必要があります（**7-14** で登場するバイパスコンデンサが活躍します）。

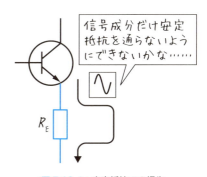

図 7.13.4：安定抵抗での損失

表 7.13.1：バイアス回路の特徴

	固定バイアス回路	自己バイアス回路	電流帰還バイアス回路
メリット	簡単	やや簡単で安定	すごく安定
デメリット	不安定	利得が少し小さくなる	損失が大きい

難易度 ★★

7-14 ▶ 直流をカットするには
〜コンデンサで OK 〜

▶【コンデンサの働き】
直流はダメ・交流は OK のフィルタ

　直流を通さず交流を通す部品としてはコンデンサが一番よく使われます。コンデンサは周波数の高い交流に対してインピーダンス（交流の電気の流しにくさと電圧と電流の位相の変化を表す量）が小さく、周波数が低いときは大きくなります。図 7.14.1 のように、コンデンサは交流を通して直流を通さないと思ってかまいません。

　このコンデンサの性質を安定抵抗に利用しましょう。**7-13** の最後に説明した安定抵抗 R_E にコンデンサ C_E を並列につなぐことで、図 7.14.2 のように交流信号だけをエミッタからグラウンドに通すことができます。信号だけを別ルートで通すコンデンサなので、バイパスコンデンサ[*1] と呼ばれています。

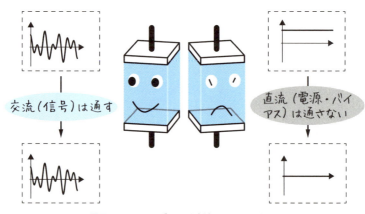

図 7.14.1：コンデンサは直流フィルタになる

　コンデンサは直流をカットすることにも使えます。エミッタ接地増幅回路に

---

*1　バイパスという言葉はこのほかにも、動脈硬化などで機能しなくなった血管の代わりに別の血管をつないで代替する「バイパス手術」や、高速道路が混雑しないように迂回するルートとしての「バイパス」といった使われ方をします。

直流の混ざった信号が入ると動作点がずれてしまいます。そこで図 7.14.3 のように、増幅回路の入力と出力はコンデンサを挟んで直流成分をカット[*2]するのが普通です。このコンデンサは複数の増幅器を結合するものなので**結合コンデンサ**と呼ばれています。

図 7.14.3 は入力信号に直流成分が混ざってしまったものを、結合コンデンサ C_1 が直流成分をカットしているものです。出力でもバイアスの直流成分が混ざっているのを結合コンデンサ C_2 でカットしています。

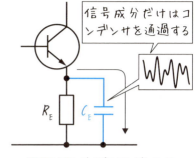

図 7.14.2：バイパスコンデンサ C_E

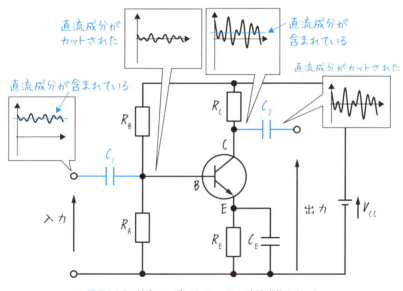

図 7.14.3：結合コンデンサ C_1、C_2 で直流成分をカット

[*2] 正確には、周波数 f〔Hz〕の交流に対して、コンデンサの静電容量 C〔F〕が作るインピーダンス $1/(2\pi fC)$〔Ω〕に反比例する減衰となります。直流だと $f = 0$ Hz なので、インピーダンスは∞になって電流を流さなくなるのです。

7-14 ▶ 直流をカットするには　177

難易度 ★★

7-15 ▶ 小信号増幅回路の等価回路
～交流と直流に分けて考えます～

> ▶【等価回路】
> 交流成分を考えるとき：コンデンサと直流電源の両端を線でつなぐ
> 直流成分を考えるとき：コンデンサと信号をとる

　図 7.15.1 の回路は**小信号増幅回路**(しょうしんごうぞうふくかいろ)と呼ばれ、トランジスタを使った増幅回路の一番基本的なものです。これまで解説してきたエミッタ接地増幅回路に電流帰還バイアス回路でバイアスを加え、バイパスコンデンサ・結合コンデンサをつけたものです。入力は信号 v_i として交流電圧とし、出力 v_o〔V〕は抵抗 R_o〔Ω〕[*1] に供給されています。

　回路を設計するときは、交流成分と直流成分に分けて考えます。交流成分は信号の増幅率や利得の計算に、直流成分は動作点の決定に必要です。交流成分のみの回路を作るには、交流成分はコンデンサと直流電源を通り抜けるので、両端を線でつなぎます。これを専門用語で「**短絡**(たんらく)する」といいます。図 7.15.2 は図 7.15.1 の回路の交流成分を求めている様子です。

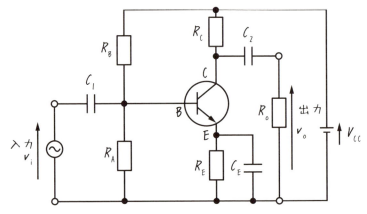

図 7.15.1：小信号増幅回路

[*1] 抵抗 R_o〔Ω〕はスピーカーなどのインピーダンスに相当します。

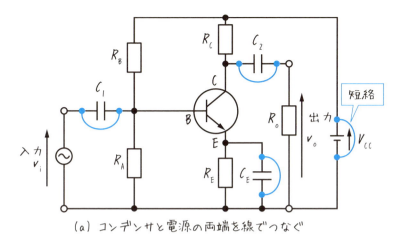

(a) コンデンサと電源の両端を線でつなぐ

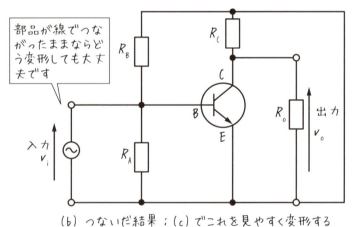

(b) つないだ結果；(c) でこれを見やすく変形する

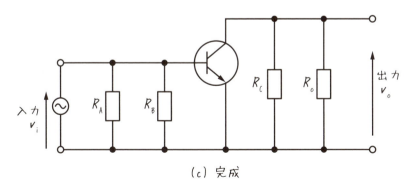

(c) 完成

図 7.15.2：交流成分の等価回路

7-15 ▶小信号増幅回路の等価回路

次に、動作点を決めるために考える直流成分の等価回路を説明します。図 7.15.3 は図 7.15.1 の直流成分の等価回路を求めている様子です。コンデンサは直流成分を通さないことと、交流の信号がない状態（＝動作点）ということから、図 7.15.3（a）のようにコンデンサと信号を取り除けばよいことになります。図 7.15.3（b）が具体的な直流成分の等価回路です。

図 7.15.3 で求めた等価回路を使って実際に動作点を求めてみましょう。難しいことはありません。オームの法則を使って電圧や電流を求めていくだけです。

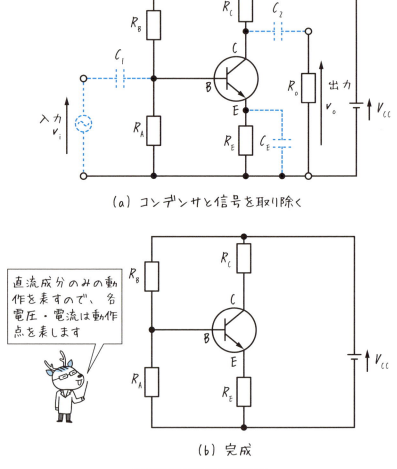

図 7.15.3：直流成分の等価回路

図 7.15.4 のように電圧・電流の量記号を決めました。まずブリーダ抵抗 R_A〔Ω〕、R_B〔Ω〕によって、ベース電圧 V_B〔V〕が次式のように決まります。

$$V_B = \frac{R_A}{R_A + R_B} V_{CC}$$

ただし、ベース電流 I_B〔A〕がブリーダ電流 I_A〔A〕に比べて無視できるぐらい小さいとして計算しています[*2]。回路図を見れば、V_E〔V〕は V_B〔V〕から V_{BE}〔V〕だけ小さいもの、次式で求められます。

$$V_E = V_B - V_{BE}$$

V_{BE}〔V〕はトランジスタの材料のバンドギャップによって決まるもので、シリコンの場合は 0.6 V 程度でした(**2-9**・**7-6** 参照)。ベース電流 I_B〔A〕がコレクタ電流 I_C〔A〕より無視できるほど小さいとすれば、$I_E = I_B + I_C ≒ I_C$ とできるので[*3]、コレクタ電流は次式で求められます。

$$I_C ≒ I_E = \frac{V_E}{R_E}$$

コレクタ抵抗 R_C〔Ω〕には $R_C I_C$ の電圧降下が生じる(オームの法則)ので、コレクタ電圧 V_C〔V〕は電圧 V_{CC}〔V〕からの差引で次式のように求められます。

$$V_C = V_{CC} - R_C I_C$$

以上で、信号がゼロのときの動作点での電圧・電流の値がわかります。

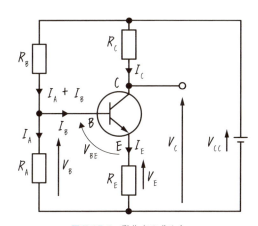

図 7.15.4:動作点の求め方

> **まとめ**
>
> ベース電圧 $\quad V_B = \dfrac{R_A}{R_A + R_B} V_{CC}$
>
> コレクタ電流 $\quad I_C = \dfrac{V_B - V_{BE}}{R_E}$
>
> コレクタ電圧 $\quad V_C = V_{CC} - R_C I_C$

[*2] 具体的には $I_B = 0$ として V_B を求めています。
[*3] コレクタ電流はベース電流の h_{FE} 倍(100 程度)なので、ベース電流は 1 % 程度の誤差とみなせます。抵抗やコンデンサなどの電子部品にも 5 % 程度の誤差はあるので、このベース電流は無視しても差し支えないのです。

7-16 ▶ hパラメータを使った等価回路
～簡単になります～

▶【h パラメータ】
トランジスタを電源と抵抗で表す（交流成分のみ）

3-6 と 3-7 で学んだように、トランジスタの交流成分は h パラメータと呼ばれる 4 つの値と電源で置き換えることができます。図 7.16.1 は交流成分の等価回路を実際に h パラメータで置き換えている様子です。置き換えの結果、図 7.16.2 (a) のように回路を抵抗と電源だけで描くことができました。(b) では複数の並

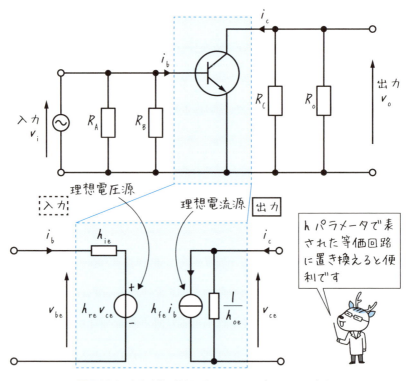

図 7.16.1：交流成分の等価回路をさらに h パラメータで表す

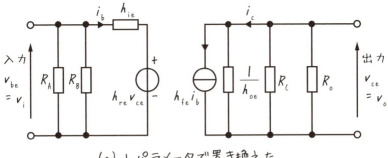

(a) h パラメータで置き換えた

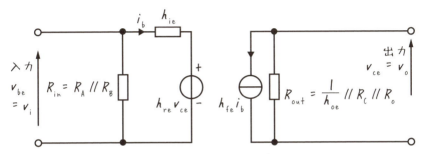

(b) 並列接続された抵抗を1つの合成抵抗としてまとめた

図7.16.2：h パラメータで表された交流成分の等価回路

列につながった抵抗を1つにまとめ、さらに簡素化しています。これで、オームの法則を使うだけで回路の計算ができます。

ここで、並列の合成抵抗を表す便利な記号「//」を紹介します。入力側の R_{in}〔Ω〕は R_A〔Ω〕と R_B〔Ω〕の合成抵抗で、$R_A // R_B$ と表記します。

$$R_{in} = R_A // R_B = \frac{1}{\frac{1}{R_A} + \frac{1}{R_B}} = \frac{R_A R_B}{R_A + R_B}$$

出力側は3つの合成抵抗なので、次のように表記がとても楽になります。

$$R_{out} = \frac{1}{h_{oe}} // R_C // R_o = \frac{1}{h_{oe} + \frac{1}{R_C} + \frac{1}{R_o}}$$

等価回路から具体的に電圧増幅率を求めてみましょう。電圧増幅率は出力と入力の電圧の比ですから、$A_v = v_o / v_i$ で求められます。まずは出力電圧を式で表してみましょう。図7.16.3のように、出力電圧は R_{out}〔Ω〕の電圧で、理想電

流源から電流 $h_{fe} i_b$〔A〕が流れてきています。よってオームの法則から、

$$v_o = R_{out} \cdot h_{fe} i_b \quad \cdots\cdots (1)$$

と表されます。ですが、式（1）の i_b〔A〕には v_o〔V〕が含まれており、実は式（1）は一次方程式になっているので、まだ答えではありません。入力側の回路で h_{ie}〔Ω〕に加わる電圧は、入力電圧から理想電圧源の電圧 $h_{re} v_{ce}$〔V〕を引いた値となります。

$$v_i - h_{re} v_{ce} \quad \cdots\cdots (2)$$

よって、ベース電流はオームの法則と $v_o = v_{ce}$ の関係（図 7.16.3）から、

$$i_b = \frac{v_i - h_{re} v_o}{h_{ie}} \quad \cdots\cdots (3)$$

となり、確かに v_o〔V〕が含まれた形になっています。この式（3）を式（1）に代入すれば、

$$v_o = R_{out} h_{fe} \cdot \frac{v_i - h_{re} v_o}{h_{ie}} = \frac{R_{out} h_{fe}}{h_{ie}} v_i - \frac{R_{out} h_{fe} h_{re}}{h_{ie}} v_o$$

という v_o〔V〕についての一次方程式になりました。これを解くと、

$$v_o = \frac{\dfrac{h_{fe} R_{out}}{h_{ie}}}{1 + \dfrac{h_{fe} h_{re} R_{out}}{h_{ie}}} v_i$$

と v_o〔V〕が求められます。よって電圧増幅率は、次式のように求められます。

$$A_v = \frac{v_o}{v_i} = \frac{\dfrac{h_{fe} R_{out}}{h_{ie}}}{1 + \dfrac{h_{fe} h_{re} R_{out}}{h_{ie}}}$$

h パラメータを使って等価回路を計算するとき、小信号電流増幅率 h_{fe} と電圧帰還率 h_{re} は単位のない量、入力インピーダンス h_{ie}〔Ω〕は抵抗の単位をもった量であることに注意しましょう（**3-6** 参照）。ここで説明した回路の解析方法のように、h_{ie}〔Ω〕は抵抗として扱われ、h_{fe} と h_{re} は単位のない倍率として扱われています。

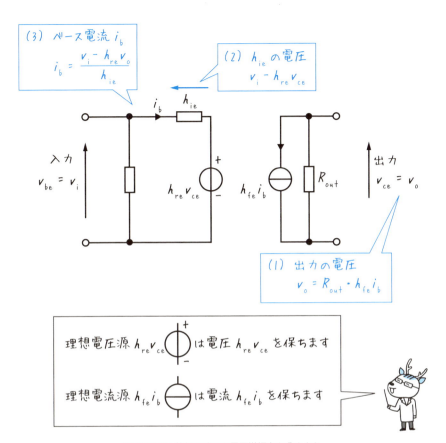

図 7.16.3：等価回路から電圧増幅率を求めよう

なお、参考書によっては電圧帰還率 h_{re} を小さいもの、またはゼロとみなして簡略化し、電圧増幅率を

$$A_v = \frac{h_{fe} R_{out}}{h_{ie}}$$

としていることもあります。

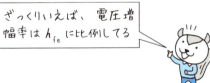

難易度 ★★★

7-17 ▶ 高周波特性
〜トランジション周波数と遮断周波数〜

▶【高周波特性を表す 2 つの周波数】
- トランジション周波数：h_{fe} が 1 になる（利得 0）周波数
- 遮断周波数：利得が 3 dB 下がる周波数

　増幅回路の性能を表す増幅率や利得が周波数によってどう変わるか調べたものを周波数特性（しゅうはすうとくせい）といいます。これまで h_{fe} を何気なく使ってきましたが、実は h_{fe} の値は周波数によって大きく変わるものなのです。**3-8** で学んだようにトランジスタには寄生容量があり、図 3.8.2（b）のように電流が漏れて増幅作用を妨げるように働きます。その結果、トランジスタの h_{fe} の値は図 7.17.1 のように高い周波数でより小さくなってしまうのです。なお、図 7.17.1 のグラフは幅広い値を描くために目盛りを 10 倍ごとに刻んだ対数グラフ[*1]になっています。

　ここで、低周波での増幅率が $1/\sqrt{2}$ 倍[*2]になる周波数を遮断周波数（しゃだんしゅうはすう）といいます。このときの利得は、およそ 3 dB 下がることが知られています。

$$20 \log_{10}(h_{fe}/\sqrt{2}) = \underbrace{20 \log_{10}(h_{fe}) - 20 \log_{10}(\sqrt{2})}_{-3 \text{ db}}$$

　トランジスタの h_{fe} の遮断周波数はエミッタ接地遮断周波数と呼ばれています。また、h_{fe} が 1 になる（このときの利得は、$20 \log_{10} 1 = 0$ dB）周波数をトランジション周波数といいます。エミッタ接地遮断周波数 $f_{\alpha e}$〔Hz〕とトランジション周波数 f_T〔Hz〕には、およそ次式となる関係が知られています。

$$f_T = h_{fe} f_{\alpha e}$$

　7-16 で求めたように小信号増幅回路の電圧増幅率は h_{fe} に比例することと、

[*1]　詳しくは「文系でもわかる電気数学」（翔泳社刊）を参照してください。
[*2]　電圧または電流が $1/\sqrt{2}$ 倍になると、$P = VI = RI^2 = V^2/R$ より、電力は 1/2 倍になります。

186

トランジスタの h_{fe} の値は高周波で小さくなることから、回路の電圧利得も図 7.17.2 のように高周波で小さくなってしまうことがわかります。

　小信号増幅回路（図 7.15.1 参照）の場合は、結合コンデンサやバイパスコンデンサのために低周波も遮断されます[*3]。その結果、小信号増幅回路は図 7.17.2 の利得の周波数特性のように、低周波側にも高周波側にも遮断周波数をもつことがわかります。低周波側が遮断されるのは結合コンデンサやバイパスコンデンサの影響です。低周波側と高周波側の間の周波数の幅を**帯域幅**（たいいきはば）といいますが、これは増幅回路の性能を表すものの 1 つです。

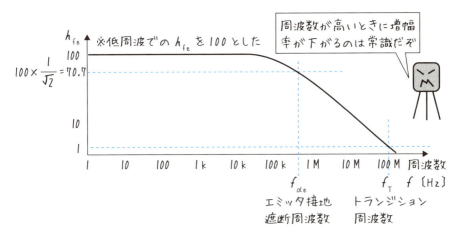

図 7.17.1：h_{fe} の高周波特性

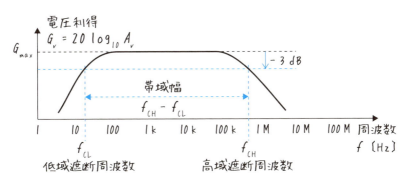

図 7.17.2：小信号増幅回路（図 7.15.1）の利得の周波数特性

---

*3　コンデンサは直流・低周波成分を通しません。

難易度 ★★★★

7-18 ▶ 高周波増幅回路
～ベース接地で何とかします～

▶【ベース接地回路】
コレクタ容量の影響は避けられる

　7-17 でトランジスタの寄生容量が周波数特性を悪くすることを説明しました。**7-4** で紹介したベース接地増幅回路では、寄生容量のうち、**3-8** の図 3.8.2（b）のコレクタ容量 C_{ob}〔F〕の影響を回避できます。そこで、図 7.4.1（b）のベース接地増幅回路でコレクタ容量の影響を避けることを考えましょう。

　図 7.4.1（b）にはバイアス回路がなかったので、図 7.18.1 にバイアス回路を加えたものを示します。バイアスのために R_1〔Ω〕、R_2〔Ω〕と R_3〔Ω〕、R_4〔Ω〕が設けられています。C_1〔F〕、C_2〔F〕は結合コンデンサ、C_B〔F〕はベース端子から交流成分がグラウンドにつながるためのバイパスコンデンサです。回路図を見ると、コレクタ容量 C_{ob}〔F〕が出力側になったおかげで出力が入力に戻ってしまうことがなくなりました。C_{ib}〔F〕によって i_b〔A〕が戻ることは避けられませんが、i_b〔A〕は小さな入力信号なので、漏れによる影響は小さなものです。このことから、ベース接地増幅回路は高周波特性がよい、つまり高い周波数でも増幅率が減りにくいことがわかります。

　ベース接地増幅回路は増幅率が少し特殊です。ベースを接地してエミッタに入力信号を入れています。エミッタの電流とコレクタの電流はほぼ等しいことから、この回路で電流はほとんど増幅されない、つまり電流増幅率はほぼ 1 であることがわかります。それに対し、電圧増幅率はほぼ R_C/R_1 となることが知られています。入力インピーダンスを大きくしようと R_1〔Ω〕を大きくすると、電圧利得が減ってしまうということです。

　このように、いろいろある増幅回路のうちどれが一番優れているということはなく、得意なものを活かせるように回路業者が選ばないといけません。

188

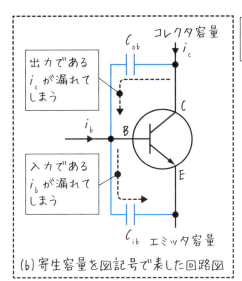

※図 3.8.2(b) 再掲

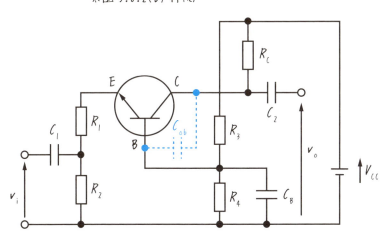

図 7.18.1：ベース接地増幅回路だとコレクタ容量 C_{ob} の影響を避けられる

難易度 ★★★

7-19 ▶ 入力インピーダンス・出力インピーダンス
〜入り口は高く・出口は低いのがいい〜

> ▶【増幅器では】
> ・入力インピーダンス：高いほうがいい
> ・出力インピーダンス：低いほうがいい

増幅器の性能を表すものに入力インピーダンスと出力インピーダンスがあります。増幅器の電源を落とし入力側や出力側に電圧を加えると、応答して電流が出てきます。このときの電圧と電流の比を、入力側は入力インピーダンス、出力側は出力インピーダンスといいます[*1]。図 7.19.1（a）のように増幅器の等価回路から電源を取り去り、(b) でいう v_i〔V〕と i_i〔A〕の比が入力インピーダンス Z_i〔Ω〕、v_o〔V〕と i_o〔A〕の比が出力インピーダンス Z_o となります。

$$入力インピーダンス：Z_i = \frac{v_i}{i_i} \qquad 出力インピーダンス：Z_o = \frac{v_o}{i_o}$$

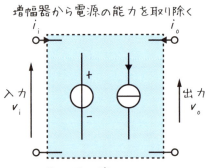 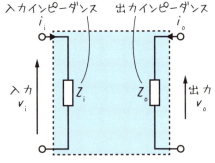

(a) 増幅器の等価回路から電源を取り除く　　(b) 電圧と電流の比はインピーダンスを意味する

図 7.19.1：入力インピーダンスと出力インピーダンスの意味

---

*1 電気回路をきちんと勉強された方は、インピーダンスがフェーザあるいは複素数になる量ということをご存知だと思います。電子回路で扱う入力・出力インピーダンスでは、電圧電流間の位相の変化は考えず、振幅の関係、つまりインピーダンスの大きさだけを考えることが多いです。

具体的に入・出力インピーダンスを **7-16** の小信号増幅回路の等価回路（図7.16.2）で求めてみましょう。等価回路で「電源を取り除く」とは、図7.19.2（a）のように理想電圧源を短絡し、理想電流源を取り除くということです[*2]。電源を取り除くと図7.19.2（b）のようになって、入・出力インピーダンスはそれぞれ入力側から見たインピーダンスと出力側から見たインピーダンスとなることがわかります。

$$Z_i = R_{in} // h_{ie} \qquad Z_o = R_{out}$$

入力インピーダンスが低いと、入力側の電圧に対して大きな入力電流が流れて供給元に負担をかけ、またそのために入力電圧が小さくもなります。つまり、**入力インピーダンスは高いほうが性能のいい増幅器**といえます。

逆に**出力インピーダンスは低いほうが性能のいい増幅器**となります。出力電流が大きくなっても、出力インピーダンスが低ければ出力電圧の減衰は少なくて済むからです。

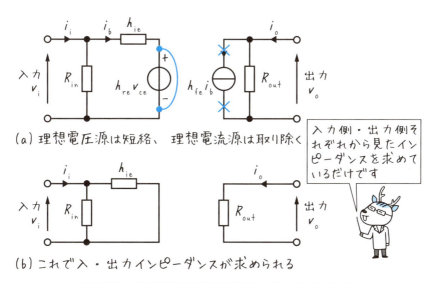

図 7.19.2：小信号増幅回路（図 7.16.2）の入・出力インピーダンス

[*2] 電気回路をきちんと勉強された方は、「鳳テブナンの定理」で内部インピーダンス（抵抗）を求める方法と同じであることがわかると思います。翔泳社の「文系でもわかる電気回路 第2版」などを参照しましょう。

難易度 ★★★★

7-20 ▶ インピーダンス整合
~最大効率はインピーダンスが同じとき~

> ▶【増幅器が電力を一番大きく提供できるのは？】
> 出力インピーダンスと負荷インピーダンスが同じとき

　増幅器が電力を一番大きく供給できるのはどんなときでしょう？　まず、図7.20.1 のように、内部インピーダンス Z_o〔Ω〕の電源が起電力 V〔V〕をもっているとして、負荷 Z_L〔Ω〕への供給電力が最大になる条件を考えます。これは、内部抵抗 Z_o〔Ω〕、起電力 V〔V〕をもつ電池が負荷 Z_L〔Ω〕へ供給できる最大電力を求める問題と同じです。電気回路等で勉強した方はご存知の通り[*1]、負荷 Z_L〔Ω〕と内部インピーダンス Z_o〔Ω〕が等しいとき、最大電力 $V^2/(4Z_L)$〔W〕が供給されます。

　増幅器の場合、図 7.20.2 のように起電力はコレクタ電圧 V_C〔V〕（エミッタ接地増幅回路の場合）、内部インピーダンスは出力インピーダンスに対応します。ただし、負荷インピーダンスはスピーカーだったりイヤホンだったりまちまちですし、スピーカーの場合はインピーダンスが 8 Ω 程度、イヤホンでも 100 Ω 程度と、一般的な小信号増幅回路の出力インピーダンスに比べるとかなり小さなものになります。増幅回路の出力インピーダンスも、バイアス回路や利得の設計上、小さくとるのが難しくなりがちです。

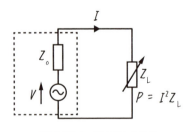

図 7.20.1：最大電力の供給

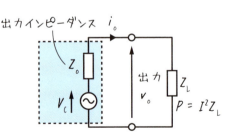

図 7.20.2：増幅器でいえば

[*1]　「文系でもわかる電気回路 第 2 版」（翔泳社刊）などを参照してください。

そこで、図 7.20.3（a）のような**変成器**（へんせいき）[*2] を考えましょう。変成器は巻き数が N_1 と N_1 の 2 つのコイルが磁束を通して結合されているものです。N の**巻数比**（まきすうひ）に応じて交流電圧・電流を変換することができ、一次側の電圧 e_1 〔V〕と電流 i_1 〔A〕、二次側の電圧 e_2 〔V〕と電流 i_2 〔A〕に対して次の式[*3] が成り立ちます。

$$\frac{e_1}{e_2} = \frac{N_1}{N_2} = N \qquad \frac{i_1}{i_2} = \frac{N_2}{N_1} = \frac{1}{N}$$

すると、一次側から見たインピーダンスは次式となり、

$$Z_1 = \frac{e_1}{i_1} = \frac{Ne_2}{\frac{i_2}{N}} = N^2 \frac{e_2}{i_2} = N^2 Z_L$$

巻数比の 2 乗である N^2 に比例します。つまり、負荷インピーダンスは適切な巻数比の変成器を使うことで自由に選べるということです。このようにインピーダンスをそろえて最大の電力を供給できるようにすることを、**インピーダンス整合**といいます。

　トランジスタの値段が変成器よりも高かった時代に、変成器はよく使われていました。変成器はコイルに鉄心が必要になるため、現在では信号用のトランジスタよりはるかに値段が高いのが普通で、次に紹介するエミッタフォロアがよく利用されます。

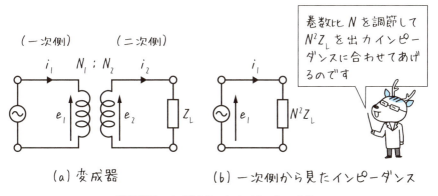

図 7.20.3：変成器を使ったインピーダンス変換

[*2] 電気機器では電圧を昇降する「変圧器」と電流を変換する「変流器」を学びます。変圧器も変流器電子回路では電流を出力として考えるため、「変成器」と呼ばれています。

[*3] 1 つめの電圧の式はファラデーの法則、2 つ目の電流の式は、エネルギー保存則から導かれます。

難易度 ★★★★

7-21 ▶ エミッタフォロア
～緩衝地帯!?～

▶【エミッタフォロア】
コレクタ接地増幅回路は、間に入ってインピーダンスを整える緩衝地帯

エミッタフォロアは対立する二者間の緩衝地帯の役割を果たします。エミッタフォロアは **7-4** で紹介したコレクタ接地増幅回路の別名です。図 7.21.1 のようにエミッタ抵抗 R_E〔Ω〕で出力電圧 v_o〔V〕をとることから、エミッタフォロアと呼ばれています。

図 7.21.1 の右側に描いた等価回路を使って確認してみましょう。計算しやすいように、はじめから h_{re} と h_{oe} を無視しています[*1]。交流成分の等価回路は図 7.21.2 のようになります。

まず難しい計算は抜きにして、電圧増幅率 $A_v = v_o/v_i$ を簡単に求めましょう。h_{ie}〔Ω〕の両端の電圧は $h_{ie} i_b$〔V〕で、R_E〔Ω〕の両端の電圧は $i_e R_E = (i_b + i_c) R_E = i_b R_E + i_c R_E = i_b R_E + h_{fe} i_b R_E = (1 + h_{fe}) i_b R_E$ です。h_{fe} の値はとても大きいので、$1 + h_{fe} \fallingdotseq h_{fe}$ とみなせば $i_e R_E \fallingdotseq h_{fe} i_b R_E$ となり、h_{ie}〔Ω〕

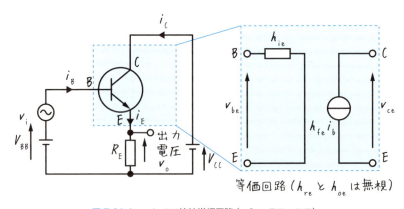

図 7.21.1：コレクタ接地増幅回路（エミッタフォロア）

[*1] **7-16** のエミッタ接地増幅回路では、計算の最後で h_{re} を省略しました。

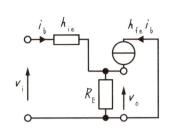
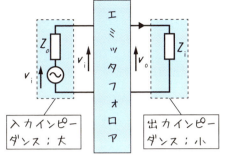

図 7.21.2：エミッタフォロアの等価回路　　図 7.21.3：緩衝増幅器としての応用

の両端の電圧 $h_{ie}i_b$〔V〕は無視できることがわかります。すると、入力電圧 v_i〔V〕と出力電圧 v_o〔V〕はほぼ等しいことになります。よって電圧増幅率は $A_v \fallingdotseq 1$ となるので、電圧は増幅しないことになります。

次に入力インピーダンス v_i/i_b〔Ω〕を考えましょう。i_b〔A〕が小さくても増幅されたコレクタ電流 $h_{fe}i_b$〔A〕が R_E〔Ω〕に大きな電流を流し、v_o〔V〕と v_i〔V〕を大きくします。つまり小さな i_b〔A〕に対しても v_i〔V〕は大きくなるため、入力インピーダンス v_i/i_b〔Ω〕は大きいといえます。

出力インピーダンスは、出力を短絡したときの電流を調べてみましょう。R_E〔Ω〕の両端を短絡すると、$i_b + h_{fe}i_b$〔A〕という大きな電流が流れます[*2]。つまり、出力インピーダンスは小さいのです。

以上のことから、**エミッタフォロアは電圧を増幅しないものの、入力インピーダンスは大きく、出力インピーダンスは小さい**ことがわかりました。このことから、図 7.21.3 のようにエミッタフォロアを回路間に挟むことで、入力から出力への信号伝達をうまく行うことができます。入力インピーダンスが大きいので、入力信号 v_i〔V〕はほぼ変わらずに v_i〔V〕としてエミッタフォロアを通り、電圧もそのままで出力 v_o〔V〕となります。また、出力インピーダンスが小さいため、大きな出力電流が流れても出力電圧 v_o〔V〕への影響は小さくなります。

エミッタフォロアのように回路と回路の間に入って信号伝達の影響を取り除く増幅回路は、**緩衝増幅器**（かんしょうぞうふくき）と呼ばれています。

[*2]　h_{fe} がすごく大きな値であるとみなせばわかりやすいですね。

EXERCISES

第7章への演習問題

【1】 トランジスタの増幅率が高周波で下がってしまうのはどうしてですか？

【2】 図7.12.3の価格に基づいて図7.12.1と図7.13.1の部品の合計価格を求めましょう。ただし、配線に必要な銅線や基板、入力信号などは無視して図7.12.3に掲載された部品だけで計算してください。

【3】 トランジスタの増幅回路にバイアスが必要なのはなぜですか？

演習問題の解答

【1】 寄生容量のため（**7-17** 参照）。

【2】 バイアスは抵抗を利用したほうが回路を安く設計できることがわかります。

図 7.12.1

トランジスタ1個：	10円 ×1 =	10円
直流電源（電池）2個：	50円 ×2 =	100円
抵抗1本：	5円 ×1 =	5円
	合計：	115円

図 7.13.1

トランジスタ1個：	10円 ×1 =	10円
直流電源（電池）1個：	50円 ×1 =	50円
抵抗2本：	5円 ×2 =	10円
	合計：	70円

【3】 動作点をずらして、信号成分の範囲をトランジスタが動作できる負荷線の範囲に移動させるため（**7-2**・**7-7**・**7-8**・**7-11** 参照）。

COLUMN　**トランジスタを使った回路は何種類あるか**

　第7章ではトランジスタの使い方をたくさん紹介しました。初めて学んだ方にとっては回路の種類が多すぎて大変だったと思いますが、いったい、トランジスタを使った回路は何種類くらいあるのでしょうか？

　答えは「わからない」です。本書に掲載したのは本当によく使われる回路だけです。トランジスタ個々の性能によって設計を変えたりすることもありますし、その独自の回路自体が特許になったりもします。トランジスタの基本的な回路はすでに確立した技術になってしまいましたが、電子回路の世界は日進月歩です。これから先も新しい技術がどんどん生まれると思いますが、本書の内容は技術の基礎になるものです。しっかりと身につけておきましょう。

第 **8** 章

電界効果トランジスタを使った増幅回路

　FETは電圧駆動で作られているために、回路の設計がとても簡単です。

8-1 ▶ FET の増幅回路
～電圧で電流を制御します～

▶【FET】
ゲート電圧でドレイン電流を制御する

　電界効果トランジスタという名前の通り、FET はゲート電圧でドレイン電流を制御する部品です（第 4 章参照）。図 8.1.1（a）は、n チャネルの接合型 FET の回路です。ゲート電圧 V_{GS}〔V〕を変えることで、ドレイン電流 I_D〔A〕を（b）のようにコントロールできるのでした。このとき、ゲート電圧はマイナスの値でなければなりません。図 8.1.1（b）では -0.4 V まで行ったところでピンチオフとなって電流が流れなくなるので、ゲート電圧の入力としては -0.4 V から 0 V の範囲で、0 mA から 10 mA までの電流をコントロールできることになります。

　そこで、図 8.1.2（a）のように信号（交流成分）v_i〔V〕を加えてみましょう。バイアスとして V_{GG}〔V〕に -0.2 V の直流電圧を加えます。図 8.1.2（b）のグラフを見れば、ドレイン電流は 3 mA を中心に 1 mA から 5 mA まで振動するこ

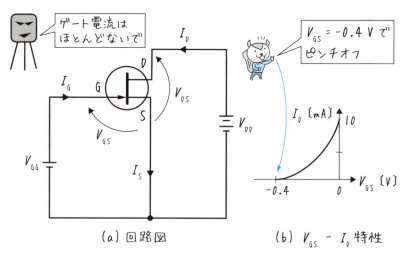

図 8.1.1：接合型 FET の基本動作

とがわかります。

このように、FETはゲート電圧によってドレイン電流をコントロールできるのです。うれしいことに、**ゲート電流がほとんど流れないため、入力インピーダンスを大きくできます。**

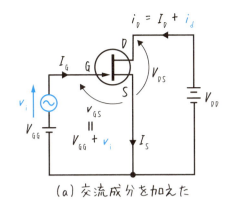

(a) 交流成分を加えた

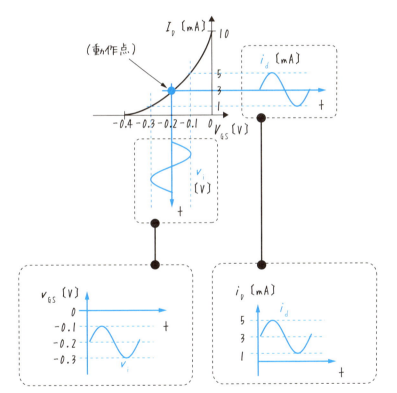

(b) 交流成分を加えたときのドレイン電流と動作点

図 8.1.2：接合型 FET に信号（交流成分）を加える

8-2 ▶ 接合型 FET と MOSFET
~回路は同じ・バイアスは違う~

> ▶【FET の種類】
> 接合型 FET
> デプレッション型 MOSFET　　　　　}ノーマリーオン ← バイアスはマイナス
> エンハンスメント型 MOSFET }ノーマリーオフ ← バイアスはプラス

　本書では FET として接合型 FET と MOSFET を紹介しました（第 4 章）。さらに、MOSFET は動作特性によってデプレッション型とエンハンスメント型に区別されます。図 8.2.1 のように、接合型 FET とデプレッション型 MOSFET はゲート電圧ゼロでドレイン電流が流れるノーマリーオンな特性をもち、エンハンスメント型 MOSFET はノーマリーオフな特性をもちます（**4-8** 参照）。

　ノーマリーオンの場合は動作点をマイナスにするため、バイアス電圧をマイナスに加える必要があります。それに対し、ノーマリーオフの場合は動作点がプラスになるためバイアスはプラスになります。

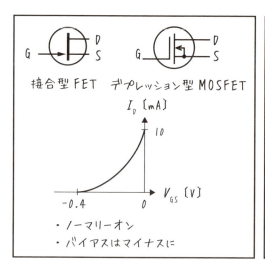
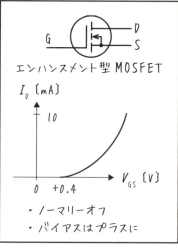

図 8.2.1：FET の動作特性の違い（どちらも n チャネル）

バイポーラトランジスタで3つの基本増幅回路があったように（**7-4**の図7.4.1参照）、図8.2.2のようなFETでも3つの基本増幅回路があります。接合型FET（ノーマリーオン）での基本増幅回路は図8.2.2のようになり、(a) **ソース接地増幅回路**はエミッタ接地増幅回路、(b) **ゲート接地増幅回路**はベース接地増幅回路、(c) **ドレイン接地増幅回路**はコレクタ接地増幅回路に対応しています。バイポーラトランジスタで登場したコレクタ抵抗の役割は、FETでは**ドレイン抵抗** R_D 〔Ω〕が担っています。バイポーラトランジスタではエミッタ接地増幅回路が最もよく使われていたように、FETではソース設置増幅回路が一番よく使われています。

　ここで紹介したFETはnチャネルのものですが、pチャネルのものは電圧・電流の向きがすべて逆になります。ゲート電圧の向き・ドレイン電流の向きが逆になり、図記号内の矢印も逆になります。ちょうど、バイポーラトランジスタでのnpn型とpnp型の違いに対応しています。

　どのFETもnチャネルとpチャネルで電圧・電流の向きが変わるだけで、ゲート（G）、ドレイン（D）、ソース（S）の役割は同じです。

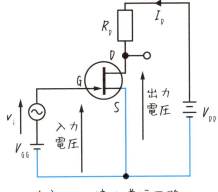

(a) ソース接地増幅回路

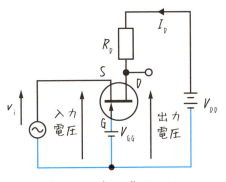

(b) ゲート接地増幅回路

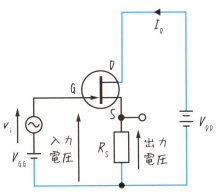

(c) ドレイン接地増幅回路

図 8.2.2：FETの3つの基本増幅回路

難易度 ★★☆☆☆

8-3 ▶ 接合型とデプレッション型 MOS のバイアスと動作点
~バイアスはマイナスです~

▶ **【バイアスは】**
電流なしでマイナス電圧がかけられる

FET のバイアスは、ゲートに電流が流れないためとても簡単になります。まず接合型とデプレッション型 MOS の場合、ノーマリーオンなのでバイアス電圧をマイナスにする必要があります。図 8.2.2 (a) のバイアス回路は固定された電源を使うため、固定バイアス回路と呼ばれます。ただ、電源が 2 つ必要で不経済なため、ほとんど使われません。

ほとんどの FET のバイアス回路としては、図 8.3.1 のような自己バイアス回路が使われます。ゲート電流が流れないことをうまく使っていて、ゲート抵抗 R_G〔Ω〕をグラウンドにつなぎ、R_G〔Ω〕には電流が流れないことから両端の電位が等しくなるのです。つまり、R_G〔Ω〕の両端電圧は 0 V で、回路図から両端電圧は V_{GS}〔V〕と V_S〔V〕の和に等しいことになります。

$$V_{GS} + V_S = 0 \quad \text{よって、} \quad V_{GS} = -V_S$$

V_S〔V〕はプラス[*1]なので V_{GS}〔V〕にマイナスのバイアスを加えることができるようになります。このようにして決まる動作点（無信号時：直流成分のゲート電圧 V_{GSP}〔V〕とドレイン電流 I_{DP}〔A〕）は、図 8.3.1 (b) のようになります。オームの法則から $V_S = R_S I_D$ なので、ソース抵抗 R_S〔Ω〕は次式で求められます。

$$R_S = \frac{V_S}{I_D} = -\frac{V_{GS}}{I_D} \quad \cdots\cdots (\bigstar)$$

ソース抵抗 R_S〔Ω〕は、バイポーラトランジスタでの安定抵抗（**7-13** 参照）に相当します。回路の安定性を上げるためにソース抵抗 R_S〔Ω〕を大きくしようとすると、式（★）からわかるように図 8.3.1 の回路ではドレイン電流 I_D〔mA〕が小さくなるため、大きな R_S〔Ω〕を使うときは図 8.3.2 のような回路を使います。V_G〔V〕の電位がブリーダ抵抗 R_1〔Ω〕、R_2〔Ω〕の値で決まり[*2]、次式となります。

[*1] ドレイン電流が必ずソースからグラウンドに向かって流れることから、V_S〔V〕はプラス向きですね。

[*2] **7-13** で紹介した電流帰還バイアス回路のブリーダ抵抗と同じ働きをします。

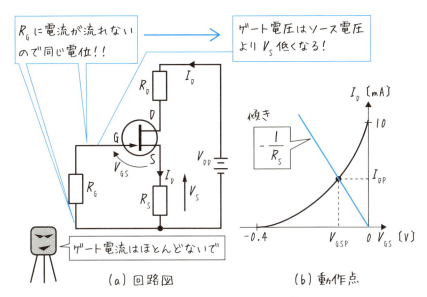

図 8.3.1：自己バイアス回路（直流成分）

$$V_\mathrm{G} = \frac{R_1}{R_1 + R_2} V_\mathrm{DD}$$

するとソース電圧 V_S〔V〕は、

$$V_\mathrm{S} = V_\mathrm{G} - V_\mathrm{GS} = \frac{R_1}{R_1 + R_2} V_\mathrm{DD} - V_\mathrm{GS}$$

となって R_1〔Ω〕、R_2〔Ω〕を好きに選んで決めることができます。オームの法則より次式となり、

$$R_\mathrm{S} = \frac{V_\mathrm{S}}{I_\mathrm{D}}$$

設定したい R_S〔Ω〕に応じて R_1〔Ω〕、R_2〔Ω〕を選べばよいということになります。

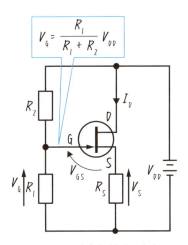

図 8.3.2：R_S を大きくしたいとき

難易度 ★★

8-4 ▶ エンハンスメント型 MOS のバイアスと動作点
～バイアスはプラスです～

❓ ▶【バイアス】
ブリーダ抵抗でプラスに設定する

エンハンスメント型 MOS はノーマリーオフなので、バイアスをプラスに設定する必要があります。そこで図 8.4.1（a）のように**ブリーダ抵抗** $R_1〔Ω〕$、$R_2〔Ω〕$でゲート電圧を次式に固定します。

$$V_G = \frac{R_1}{R_1 + R_2}\, V_{DD}$$

この回路にはソースに抵抗がないので、$V_G〔V〕$ がそのまま $V_{GS}〔V〕$ と等しくなり、次式で示されるプラスのバイアスが得られます。

$$V_{GS} = V_G = \frac{R_1}{R_1 + R_2}\, V_{DD}$$

これにより設定された動作点は図 8.4.1（b）のようになります。バイアスがプラスの動作点になることから、回路の動作もバイポーラトランジスタに少し似ることになります。ドレイン抵抗 $R_D〔Ω〕$ もバイポーラトランジスタでいうコレクタ抵抗と同じ働きをしています。

なお、ブリーダ抵抗は交流成分に対する入力インピーダンスを大きくするため、500 kΩ から数 MΩ の大きい抵抗を使う必要があります。

さて、図 8.4.1 のブリーダ抵抗はバイアスをプラスにしましたが、**8-3** で登場したブリーダ抵抗はどうしてバイアスをマイナスにできたのでしょうか？　図 8.4.2 に再度、図 8.3.2 の回路（接合型 FET のバイアス回路：ノーマリーオン）を示します。回路図にはソース抵抗 $R_S〔Ω〕$ がありますが、ドレイン抵抗があったために普段は $V_G < V_S$ とできるため、$V_{GS}〔V〕$ はマイナスになります。たとえ電源を入れた段階で $V_G > V_S$ となって $V_{GS}〔V〕$ がプラスになっても、動作特性からドレイン電流がたくさん流れて $V_S〔V〕$ は大きくなり、元の $V_G < V_S$ になります。

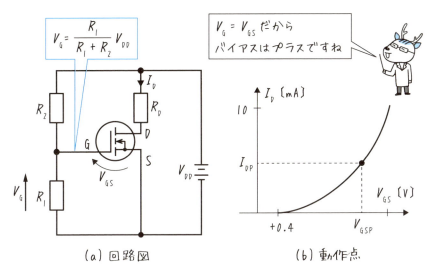

図 8.4.1：自己バイアス回路（直流成分）

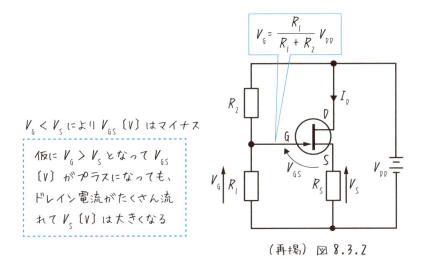

（再掲）図 8.3.2

図 8.4.2：R_S のおかげで V_{GS} はマイナス

8-4 ▶エンハンスメント型 MOS のバイアスと動作点

難易度 ★★★

8-5 ▶ 小信号増幅回路の等価回路
～バイポーラトランジスタより簡単です～

？ ▶【小信号増幅回路の等価回路の求め方】
バイポーラトランジスタとやり方は同じ

図 8.5.1（a）は FET（接合型）を使った小信号増幅回路です。**8-3** で学んだ自己バイアス型の回路に、結合コンデンサ C_1〔F〕、C_2〔F〕とバイパスコンデンサ C_S〔F〕をつけ、負荷 R_o〔Ω〕に増幅された信号を提供しています。

ここでは、**4-6** で学んだ FET の等価回路を使って入力インピーダンス Z_i〔Ω〕、出力インピーダンス Z_o〔Ω〕、電圧増幅率 A_v を求めてみましょう。やり方はバイポーラトランジスタのときに、**7-15** と **7-16** で学んだものと同じです。図 8.5.1（b）のように、交流成分を考えるためコンデンサと電源を短絡し、FET を相互コンダクタンス g_m〔S〕で表された等価回路に置き換えます。（b）の回路図を見やすく置き換えたのが（c）になります。

図 8.5.1（c）の入力側と出力側を見ると、次のようになります。

入力インピーダンス　$Z_i = R_G \,/\!/\, r_g$
出力インピーダンス　$Z_o = r_d \,/\!/\, R_D \,/\!/\, R_o$

> 記号「//」は **7-16** で説明しています

FET の入力インピーダンス r_g〔Ω〕自体はとても大きいのですが、ゲート抵抗 R_G〔Ω〕が入力信号に対して並列になるため、自己バイアスとして導入される R_G〔Ω〕は入力インピーダンスを大きく保つために数 MΩ の大きいものを利用します。

入力電圧 v_i〔V〕に対して、出力側のインピーダンスに $g_m v_{gs} = g_m v_i$ の電流[*1] が流れることから、

$$v_o = Z_o g_m v_{gs} = (r_d \,/\!/\, R_D \,/\!/\, R_o) g_m v_i$$

となり、電圧増幅率 A_v は次式となります。トランジスタの等価回路よりずいぶんと簡単ですね。

$$A_v = \frac{v_o}{v_i} = \frac{Z_o g_m v_i}{v_i} = Z_o g_m = (r_d \,/\!/\, R_D \,/\!/\, R_o) g_m$$

[*1] g_m はコンダクタンス（抵抗の逆数）なので $g_m v_{gs}$ は電流を表す量になります。

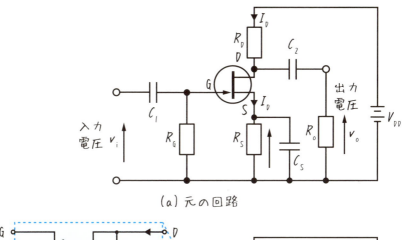

(a) 元の回路

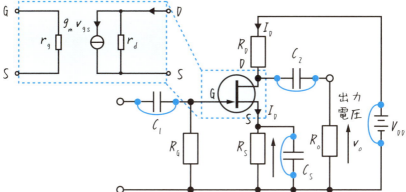

(b) 交流成分を考えるためにコンデンサと電源を短絡して等価回路に置き換える

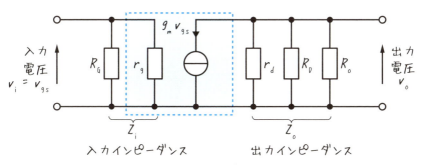

(c) 交流成分の等価回路

図 8.5.1：小信号増幅回路（ソース接地）

EXERCISES

第 8 章への演習問題

【1】 接合型 FET とデプレッション型 MOSFET でバイアスをマイナスにするのは
どうしてでしょうか。

【2】 FET を使った増幅回路でソース抵抗を大きくするときの長所と短所は何ですか。

演習問題の解答

【1】 動作がノーマリオンなので、動作点をマイナス側にしないといけないため。

ヒント 8-2 参照

【2】 長所：バイアスが安定する。

ヒント 8-3 参照

短所：ドレイン電流が小さくならないようにブリーダ抵抗が必要になる。

ヒント 8-3 参照

COLUMN　電子回路の達人 !?

　どんな人が電子回路の達人といえるでしょうか？ 答えは……「安く設計できる人」です。ここまで紹介してきた通り、電子回路はたくさんの部品を使って組み立てられます。部品の性能もいろいろです。同じ性能をもつ電子回路でも、必要な部品数を少なく、安い値段で設計できる方が優秀だといえます。

　もちろん、部品そのもの (デバイス) を開発する人たちは、日進月歩、高性能で安価な部品を開発しています。電子回路の達人は、世の中に出ている部品の中から最適なものを選んで目的にあった回路を設計できる人だといえるでしょう。

第9章

帰還回路と演算増幅器

　増幅回路の出力を入力に戻すときに起こる現象をうまく利用するのが帰還回路です。この章では、演算増幅器（オペアンプ）の使い方も説明します。

難易度 ★

9-1 ▶ フィードバックと負帰還回路
～出力信号を入力に戻して質を改善します～

▶【帰還回路】
出力信号を入力に戻す回路

　図 9.1.1 は一般的な増幅器に雷などが影響して雑音が混ざってしまった様子です。そこで図 9.1.2 のように出力信号を少しだけ入力に戻す、**帰還回路**（きかんかいろ）を導入します。帰還回路のうち、信号を逆向きに戻すものを**負帰還回路**（ふきかんかいろ）といいます。信号にマイナスの倍率を掛けるので「負帰還」と呼ばれています。

　まず増幅器に雑音が入り、(1) 出力に雑音が現れたとしましょう。負帰還回路によって、(2) 逆向きになった波形が少しだけ入力に戻ります。元の入力信号と戻された信号が少しだけ打ち消し合い、(3) 雑音部分も軽減され、増幅された後に (4) 出力の雑音が減る、という仕組みです。雑音を減らしてくれる分、帰還回路がないときに比べて全体の利得は小さくなってしまいます。つまり、雑音を軽減してくれる分だけ増幅率[*1]も小さくなるのです。

　ここで、(1) と (4) の信号波形は同じものでなければなりませんが、とても短い時間間隔で見れば、(1) → (2) → (3) → (4) の流れを高速にたどって、(1) の信号波形が (4) の信号波形のように変化することになります。つまり、人間が耳で聞くことのできる信号だと、気が付かないくらい短い時間で (1) から (4) の波形になるということです。

　このように、出力の情報を入力に戻す操作をフィードバック（Feedback）といいます。電子回路だけではなく、広くビジネスや心理学、教育学の世界でも活用されています[*2]。

　負帰還回路にはこのほかにも次のような特徴があります。

[*1] **7-10** で学んだように増幅率の log が利得になるので、「増幅率が減る ＝ 利得が減る」「増幅率が増える ＝ 利得が増える」が成り立ちます。このため、他の書籍では本章の内容を増幅率ではなく利得を使って説明していることが多いようです。しかし本書では、皆様がより理解しやすいようにと増幅率を使って説明しています。
[*2] P（Plan：計画）、D（Do：実行）、C（Check：評価）、A（Action：改善）で継続的な改善を目指す PDCA サイクル」が一番有名でしょう。

210

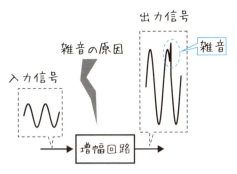

図 9.1.1：増幅器に雑音が入る様子

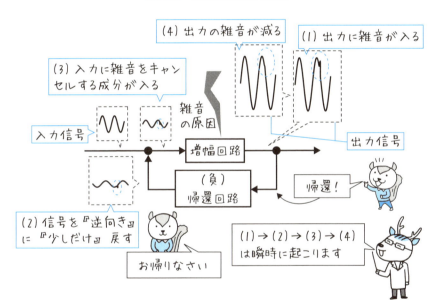

図 9.1.2：負帰還回路によるフィードバックは雑音を弱めてくれる

> (1) 増幅回路で起こる雑音やひずみが軽減される ＝ 本節で説明
> (2) 増幅率が減る代わりに帯域幅が広がる → **9-2**・**9-4** へ
> (3) 増幅率が温度や電源電圧などの変動に対して安定する → **9-3** へ
> (4) 入力インピーダンス・出力インピーダンスを変えられる → **9-5** へ

難易度 ★★

9-2 ▶ 負帰還回路の増幅率
～負帰還は増幅率を小さくします～

▶【負帰還回路の増幅率】

$$A_{vo} = \frac{A_v}{1 + A_v \beta}$$

　負帰還回路の増幅率を求めておきましょう。まず、負帰還回路でない増幅回路がストレートに入力を出力につなげている図 9.2.1 で、増幅率を求めます。増幅回路の電圧増幅率を A_v とします。電流増幅率でも電力増幅率でも考え方は同じです。入力が v_i で出力が v_o だとすれば、入力 v_i は A_v 倍されて $A_v v_i$ となります。これが出力 v_o に等しいですから、$v_o = A_v v_i$ となります。したがって、回路全体の電圧増幅率は $A_v = v_o / v_i$ と求められます。求められるといっても増幅回路は 1 つしかないので、この式は増幅率の定義そのものです。

　同じ方法で図 9.2.2 の負帰還回路の増幅率を求めることができます。同じく入力を v_i、出力を v_o として **9-1** の説明と同じ順番でたどってみましょう。まず、(1) の出力 v_o は帰還回路によって (2) $-\beta$ 倍されて $-\beta v_o$ になります。この出力をどれだけ戻すかを表す倍率 β（ベータ）は、帰還率（きかんりつ）と呼ばれています。(2) の $-\beta v_o$ は入力 v_i と合成されて、(3) $v_i - \beta v_o$ となります。これが (4) 増幅回路によって A_v 倍され、$A_v (v_i - \beta v_o)$ となります。(4) はぐるっと戻ってきて (1) と同じものになるので、

$$A_v(v_i - \beta v_o) = v_o$$

が成立します。この式を v_o を未知数とする一次方程式として解いてみましょう。左辺のカッコを外すと

$$A_v v_i - A_v \beta v_o = v_o$$

となり、左辺第 2 項の $A_v \beta v_o$ を右辺に移項すると、

$$A_v v_i = v_o + A_v \beta v_o$$

となります。右辺の共通因子 v_o をカッコでくくり出せば、

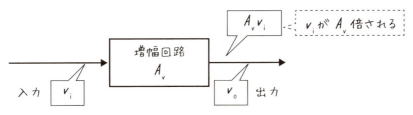

図 9.2.1：ストレートな増幅回路の増幅率の求め方

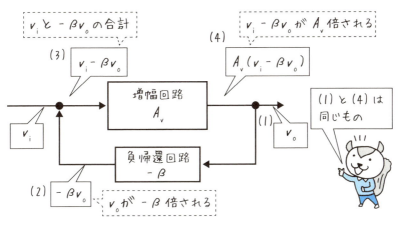

図 9.2.2：負帰還回路の増幅率の求め方

$$A_v v_i = (1 + A_v \beta) v_o.$$

となり、両辺を $(1 + A_v \beta)$ で割って左辺と右辺を入れ替えると、

$$v_o = \frac{A_v v_i}{1 + A_v \beta}$$

が得られます。ここから、回路全体の増幅率 A_{vo} は

$$A_{vo} = \frac{v_o}{v_i} = \frac{\frac{A_v v_i}{1 + A_v \beta}}{v_i} = \frac{A_v}{1 + A_v \beta}$$

となることがわかります。

難易度 ★★★

9-3 ▶ 負帰還回路の増幅率が安定する理由
～抵抗を使っているから～

 ▶【負帰還回路が安定なのは】
抵抗のおかげ

　負帰還回路を使うことで回路全体の増幅率・利得は少なくなりますが、温度や電源電圧に対して安定します。ここではその理由を説明します。

　まず、負帰還回路の帰還率 β は出力信号の一部を戻すので、0 から 1 の値をとります。10% 戻すなら $\beta = 0.1$ になります。一方、増幅率 A_v は大きく、100 とか 1000 とかくらいの数字だと思ってください。このとき回路全体の増幅率 A_{vo} は次式となります（**9-2** 参照）。

$$A_{vo} = \frac{A_v}{1 + A_v \beta}$$

　A_v が大きな値のため分母にある $A_v \beta$ は 1 よりもはるかに大きく、$A_v \beta$ も $1 + A_v \beta$ もそんなに値が変わらないとしましょう。すると全体の増幅率 A_{vo} は、

$$A_{vo} \fallingdotseq \frac{A_v}{A_v \beta} = \frac{1}{\beta}$$

となって、帰還率 β だけで決まることになります。

　具体的な数字で計算してみましょう。$A_v = 1000$、$\beta = 0.1$ なら $A_v \beta = 100$、$1 + A_v \beta = 101$ となり、この場合の回路全体の増幅率は、$A_{vo} = A_v / (1 + A_v \beta) = 1000 / 101 \fallingdotseq 9.9$ となります。帰還率 β だけで表した式でも、$A_{vo} \fallingdotseq 1 / \beta = 1 / 0.1 = 10$ なので、9.9 とほとんど同じですね。

　具体的な計算からもわかるように、**負帰還回路の増幅率 A_{vo} は元の増幅回路の増幅率 A_v より小さくなってしまいます**。その分、安定性といううれしい性質が得られることをここで説明します。

　図 9.3.1 のように、増幅回路はトランジスタのような増幅作用をもった部品が担います。一方、負帰還回路は信号の一部を入力に戻すだけなので、抵抗だけで機能します。負帰還回路といかにも仰々しい名前がついていますが、その中身はただの抵抗なのです。増幅回路の増幅率 A_v はトランジスタの h_{FE} によっ

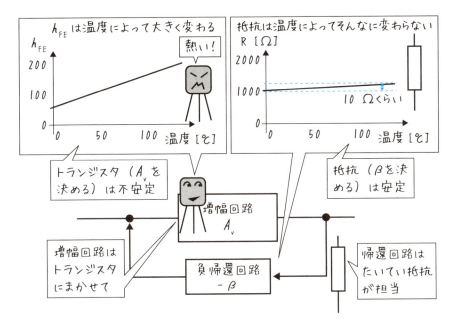

図 9.3.1：トランジスタの弱点と抵抗の安定さ

て決まりますが、h_{FE} はばらつきが大きい上に温度によって大きく変化します（**7-12** 参照）。また、電圧増幅率は電源電圧が小さくなると増幅の能力がなくなって小さくなってしまいます。つまり、増幅回路の増幅率 A_v はどうしても変動しやすいものなのです。ところが、負帰還回路の増幅率 A_{vo} はほぼ帰還率 β だけで決まります。帰還率 β は出力を入力に戻す抵抗の値で決まるため、温度の影響は少なく、電源電圧によって変動することもありません。

　たとえば、トランジスタの直流電流増幅率 h_{FE} は室温（25℃くらい）から100℃ほどまでの間に2倍くらい変動するのが普通です。ところが、よく使われる金属皮膜抵抗の場合、1 kΩ の抵抗だと 10 Ω 程度の変化しかしません。負帰還回路に温度や電源電圧の影響を受けにくい抵抗を使うことで、全体の増幅率は安定するのです。

難易度 ★★★

9-4 ▶ 負帰還回路の 帯域幅が広がる理由
～増幅率が減るから～

▶【帯域幅】
増幅率を抑えると広がる

　増幅回路は、低周波と高周波の増幅率・利得が小さくなります。通常、増幅できる利得から 3 dB（電力が $1/2$・電圧または電流が $1/\sqrt{2}$）下がる周波数を遮断周波数といいました（**7-17** 参照）。また、低域側と高域側の遮断周波数の間を帯域幅といいましたね。帯域幅が広い増幅回路ほど性能がいいといえます。

　負帰還を導入することで利得を下げる代わりに帯域幅を広くすることができます。図 9.4.1 は負帰還をかけることで利得が減って帯域幅が広がっている様子です。一番上のグラフは負帰還なし（$\beta = 0$）のときの周波数特性です。そこから帰還させる信号の量を増やすと帯域幅が広がることがわかります。

　ここで、信号を帰還させる量「**帰還量**（きかんりょう）」を決めましょう。負帰還回路の増幅率を A_{vo} とすれば、負帰還回路の利得は次式となり、

$$G_{vo} = 20 \log_{10} A_{vo} \cdots\cdots ①$$

また、

$$A_{vo} = \frac{A_v}{1 + A_v \beta} \qquad \cdots\cdots ②$$

なので、式②を式①に代入して、

$$G_{vo} = 20 \log_{10}\left(\frac{A_v}{1 + A_v \beta}\right)$$

となります。対数の割り算を引き算に書き直して[*1]、

$$G_{vo} = \underbrace{20 \log_{10} A_v}_{\parallel} - \underbrace{20 \log_{10}(1 + A_v \beta)}_{\parallel}$$

元の増幅回路の利得 G_v　　帰還量 F

と置けば、

[*1] **7-10** の式（3）を参照のこと。

216

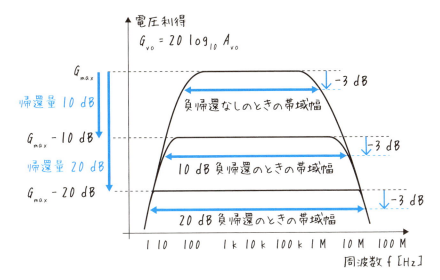

図 9.4.1：負帰還で周波数特性が改善している様子

$$G_{vo} = G_v - F$$

と 2 つの値の引き算になります。G_v は元の増幅回路の利得ですが、F は **帰還量** と呼ばれる、どれだけ信号を戻したかを表す量です。最後の引き算の式からわかるように、負帰還をかけることで利得は帰還量 F だけ小さくなってしまいます。

負帰還を導入することで利得を下げれば帯域幅は広がります。逆に帰還量を少なくして利得を上げれば帯域幅は狭くなります。

このように、2 つの関係のどちらかを求めるともう片方が求められなくなる関係は **トレードオフ**（Trade-off）と呼ばれます。

9-5 負帰還回路の入出力インピーダンス
〜方法は4つ〜

> ▶【負帰還回路の方法】
> **入力側：直列につなぐと電圧が、並列につなぐと電流が注入される**
> **出力側：並列につなぐと電圧が、直列につなぐと電流が戻る**

負帰還を導入する方法は次の4通りあります。

（1）電圧を戻して電流を注入する（出力を並列帰還・入力を並列注入）
（2）電流を戻して電流を注入する（出力を直列帰還・入力を並列注入）
（3）電圧を戻して電圧を注入する（出力を並列帰還・入力を直列注入）
（4）電流を戻して電圧を注入する（出力を直列帰還・入力を直列注入）

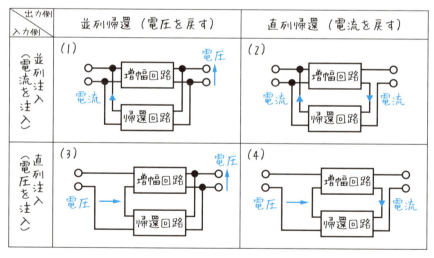

図 9.5.1：負帰還の4つの方法

それぞれ図 9.5.1 の回路に対応しています。入力側を並列につなぐと電流が注入され、直列につなぐと電圧が注入されます。出力側を並列につなぐと電圧が戻り、直列につなぐと電流が戻ります。

負帰還回路で入出力インピーダンスがどう変わるかを考えてみましょう。図 9.5.2 は 3 Ω と 6 Ω の抵抗を (a) 直列、(b) 並列につないだものです。合成抵抗は (a) 直列の場合、3 Ω + 6 Ω = 9 Ω となって増えます。(b) 並列の場合は、(3 Ω × 6 Ω) / (3 Ω + 6 Ω) = 18/9 Ω = 2 Ω となって減ります。

つまり、直列に回路をつなぐとインピーダンスは増え、並列に回路をつなぐと減ることがわかります。このことから、表 9.5.1 のように負帰還回路が入出力インピーダンスを増減させることがわかります。

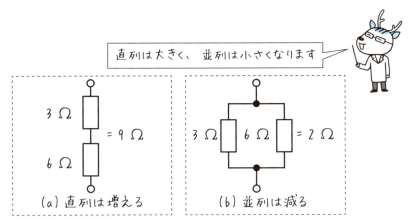

図 9.5.2：インピーダンスの増減

表 9.5.1：負帰還回路によるインピーダンスの増減

負帰還のつなぎ方	(1) 出力:並列帰還 入力:並列注入	(2) 出力:直列帰還 入力:並列注入	(3) 出力:並列帰還 入力:直列注入	(4) 出力:直列帰還 入力:直列注入
出力インピーダンス	減	増	減	増
入力インピーダンス	減	減	増	増

難易度 ★★★

9-6 ▶ 負帰還回路の実際
～抵抗で OK ～

?

▶【負帰還回路の作り方】
抵抗で戻す

実際に負帰還回路を作ってみましょう。図 9.6.1 は **7-15**・**7-16** で勉強した小信号増幅回路のバイパスコンデンリ C_E を取り除いたものです。C_E がなくなることで、**7-13** で学んだ電流帰還バイアス回路が安定したのと同じように、信号成分に対して負帰還回路となります。具体的にはエミッタ抵抗 R_E〔Ω〕の両端電圧 v_f〔V〕（f は feedback の f）が入力信号 v_i〔V〕から減ってベースに入力されるため、ベースへの入力信号は $v_i - v_f$〔V〕となります。

出力 v_o〔V〕に対して v_f〔V〕だけ電圧を戻すので、帰還率は、

$$\beta = v_f / v_o$$

となり、オームの法則から $v_f = R_E i_e$ となります。また、**7-16** で考えた交流成分の等価回路のように出力側のインピーダンスを

$$R_{out} = \frac{1}{h_{oe}} // R_C // R_o$$

とまとめれば、$v_o = R_{out} i_c$ となります。よって帰還率 β は、

$$\beta = v_f / v_o = R_E i_e / R_{out} i_c \fallingdotseq R_E / R_{out}$$

となり、抵抗の比だけで決まります。ここで、ベース電流 i_b は小さいものとして $i_e = i_b + i_c \fallingdotseq i_c$ としました。この回路が負帰還のないときの電圧増幅率 A_v は **7-16** で求めたように、

$$A_v = \frac{h_{fe} R_{out}}{h_{ie}}$$

です（電圧帰還率を無視した最後の結果）。ここから、帰還率 $\beta = R_E / R_{out}$ の負帰還をかけたときの電圧増幅率は、

220

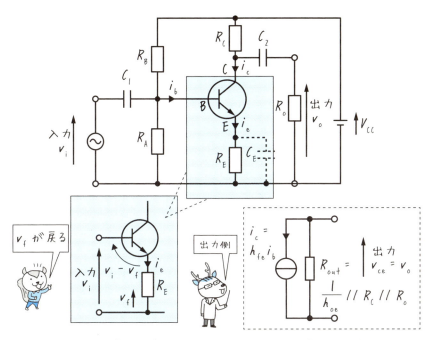

図 9.6.1：バイパスコンデンサを取り除くだけで逆向きの電圧が戻される→負帰還

$$A_{vo} = \frac{A_v}{1 + A_v \beta} = \frac{\dfrac{h_{fe}R_{out}}{h_{ie}}}{1 + \dfrac{h_{fe}R_{out}}{h_{ie}} \dfrac{R_E}{R_{out}}} = \frac{h_{fe}R_{out}}{h_{ie} + h_{fe}R_E}$$

となりますが、$A_v \beta$ が 1 よりずっと大きくて $A_{vo} \fallingdotseq 1/\beta$ とできるときは

$$A_{vo} = \frac{1}{\beta} = \frac{R_{out}}{R_E}$$

となって、電圧増幅率は R_E と R_{out} の比だけで決まり、安定したものとなります。

難易度 ★★

9-7 ▶ 正帰還
~発振します~

 ▶【帰還の向きを間違えると】
発振してしまう

　ここまでに、負帰還回路では信号を逆向き・マイナスに戻すことで雑音を減らすことができること、帯域幅が広がること、入出力インピーダンスを変えられることを学びました。このことは、電子回路では入力をそのままの位相で戻す正帰還回路（せいきかんかいろ）で利用されています。

　図 9.7.1 のように、出力信号を入力へ「同じ向き」に戻してみましょう。まず、(1) の入力信号は正帰還回路に入ると、(2) 同じ向きに一部戻されます。これが入力信号に加えられ、(3) さらに入力信号が大きくなります。それが増幅されると、(4) 出力信号がさらに大きくなります。(1) → (2) → (3) → (4) → (1) と瞬時に繰り返されることで信号が際限なく大きくなっていきます。

　電源が供給できる能力限界まで信号が大きくなると、信号の大きさは一定になり、入力信号をほとんど含まない信号が回路の中をぐるぐる回ることになります。この現象を**発振**（はっしん）といい、電子回路の世界では信号源を得るために正帰還回路を使うことがよくあります。信号を発生させる「発信」と振動を作る「発振」は違いますので、注意してください。発振を得るための回路を**発振回路**（はっしんかいろ）といい、これまでに多くの発振回路が開発されてきましたが、紙面の都合上、本書では説明を割愛します。

　さて、負帰還回路の場合は増幅率は次のように表されました。

$$A_{vo} = \frac{A_v}{1 + A_v \beta}$$

正帰還回路では、帰還率 β の符号を入れ替えればよいので、

$$A_{vo} = \frac{A_v}{1 - A_v \beta} \quad (\bigstar)$$

と表されます。この式で、もしも分母の $A_v \beta = 1$ になると分母がゼロになり、増幅率が無限大になってしまいます。実際には電源が供給できる限界で信号の

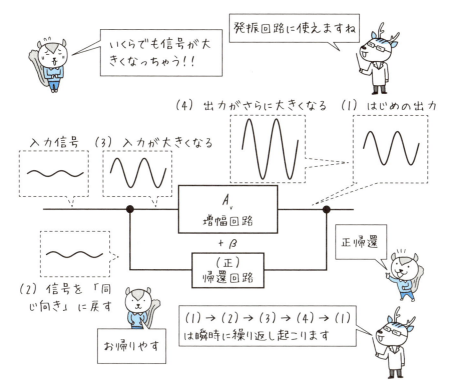

図 9.7.1：正帰還回路は限界まで信号を大きくする

大きさが決まり、発振回路が動作しているときは $A_v \beta = 1$ が成立します。一般に、帰還回路で増幅率 A_v と帰還率 β を掛けた $A_v \beta$ は、**ループゲイン**と呼ばれています。

難易度 ★★

9-8 ▶ 演算増幅器
～バーチャルで大丈夫です～

> ▶【演算増幅器】
> いろいろ理想を追いかけた結果の装置

演算増幅器は、理想の増幅器を追い求めて設計された装置です。入力インピーダンスが無限大、出力インピーダンスがゼロ、電圧増幅率が無限大になるように作られています[*1]。

演算増幅器をどうやって設計すればよいかを書くと本が 1 冊できてしまいますので、ここでは演算増幅器の使い方だけを勉強しましょう。図記号は図 9.8.1 (a) で、反転入力端子と非反転入力端子、出力端子から成り立っています。等価回路は (b) のようになります。本当は図 9.8.2 のように演算増幅器を動かすための電源を接続する端子が必要です。ただし回路図が煩雑になるため、この接続端子は記載が省略されることが多いです。正負の電源（± V_{CC}〔V〕）が必要になることが一般的です。

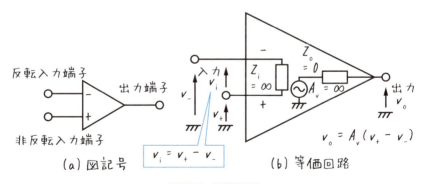

図 9.8.1：演算増幅器

[*1] あくまでも理想で、実際に製品として売られている演算増幅器は入力インピーダンスが 10^{12} Ω 程度、出力インピーダンスが数 10 Ω 程度、電圧増幅率が 10^5 程度だと思ってください。ただし、これらの値はこの単元で説明する回路の性質を再現するのに問題ない値です。

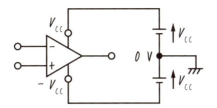

図 9.8.2：演算増幅器を動作させるには電源が必要

　反転入力端子の入力は逆位相の出力、非反転入力端子の入力は同位相の出力を出します。出力 v_o [V]は非反転入力端子 v_+ [V]の電圧と反転入力端子 v_- [V]の差 $v_+ - v_-$ [V]を増幅して $v_\mathrm{o} = A_\mathrm{v}(v_+ - v_-)$ となります。

　演算増幅器のような入力の差を増幅する増幅器は**差動増幅器**（さどうぞうふくき）と呼ばれています。入力にノイズが入っても、2 つの入力に同じノイズが入ったならば引き算されてキャンセルされるため、ノイズに強いという特徴があります。具体的に見てみましょう。図 9.8.3 は入力端子（反転入力端子と非反転入力端子）にノイズ成分 v_n [V]が入ったときの様子です。反転入力端子には $v_- + v_\mathrm{n}$ [V]、非反転入力端子には $v_+ + v_\mathrm{n}$ [V]というようにノイズ成分 v_n [V]が入りますが、増幅されるのはそれぞれの信号の差 $v_\mathrm{i} = (v_+ + v_\mathrm{n}) - (v_- + v_\mathrm{n}) = v_+ - v_-$ なので、ノイズ成分は増幅されずにキャンセルされます。

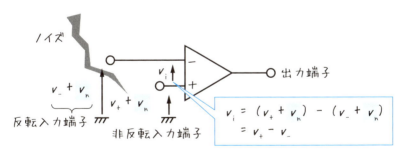

図 9.8.3：差動増幅器である演算増幅器はノイズに強い

　実際に演算増幅器を利用するときは負帰還回路を作ります。図 9.8.4 は反転増幅回路、図 9.8.5 は非反転増幅回路と呼ばれる回路です。反転増幅回路では入力を反転入力端子に入れ、非反転増幅回路では入力を非反転入力端子に入れています。どちらの回路でも、抵抗 R_f [Ω]は出力を反転入力端子に戻していて、負帰還がかかります。

　図 9.8.4 の反転増幅回路の電圧増幅率 $A_\mathrm{vo} = v_\mathrm{o}/v_\mathrm{i}$ を求めてみましょう。演算

増幅器の電圧増幅率 A_v は無限大（とてつもなく大きい）なので、電圧増幅率を表す式 $v_\mathrm{o} = A_\mathrm{v}(v_+ - v_-)$ を変形して $v_+ - v_- = v_\mathrm{o}/A_\mathrm{v} ≒ 0$ となり、v_-〔V〕と v_+〔V〕はほぼ等しいとみなすことができます。反転入力端子と非反転入力端子が接続（短絡）されているとみなすことができるので、このことは仮想短絡（かそうたんらく）またはバーチャルショート[*2]と呼ばれています。

抵抗 R_s〔Ω〕に流れる電流を i_s〔A〕とすれば、入力インピーダンスは無限大なので演算増幅器に電流は入らず、R_f〔Ω〕にも同じ電流 i_s〔A〕が流れることになります。仮想短絡の考え方から反転入力端子はグラウンドと同じ電位（0 V）になるため R_s〔Ω〕に加わる電圧は v_i〔V〕と等しくなり、オームの法則から次式となります。

$$v_\mathrm{i} = i_\mathrm{s} R_\mathrm{s}$$

同じように考えて、R_f〔Ω〕に加わる電圧は v_o〔V〕になり、電流の向きに注意すれば次式が成立します。

$$v_\mathrm{o} = - i_\mathrm{s} R_\mathrm{f}$$

以上から、電圧増幅率は次式となるので、

$$A_\mathrm{vo} = v_\mathrm{o} / v_\mathrm{i} = (- i_\mathrm{s} R_\mathrm{f}) / (i_\mathrm{s} R_\mathrm{s}) = -R_\mathrm{f} / R_\mathrm{s}$$

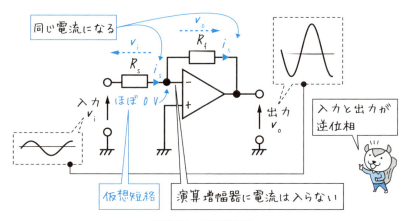

図 9.8.4：反転増幅回路

[*2] virtual short は日本語の書籍でイマジナリーショート（imaginary short）と書いているものも多いのですが、英語で考えると virtual が正しい表現です。virtual は「仮想」という意味で、本物ではなくても現実に近いものを表すもので、仮想通貨・仮想現実という言葉に使われます。imaginary は「空想」という意味で、バーチャルより現実には存在しないと思われるものに使われます。

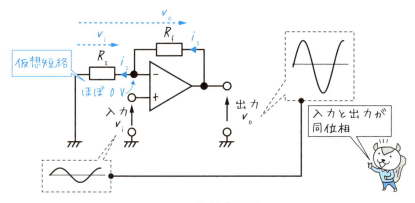

図 9.8.5：非反転増幅回路

電圧増幅率は抵抗の比 R_f/R_s で決まることがわかります。また、増幅率の値にマイナスがついていることから、入力に対して逆位相の出力になることもわかります。

次に、図 9.8.5 の非反転増幅回路で電圧増幅率 $A_{vo} = v_o/v_i$ を求めてみましょう。抵抗 R_s〔Ω〕に流れる電流を i_s〔A〕とすれば、先ほどと同じく入力インピーダンスは無限大なので演算増幅器に電流は入らず、R_f〔Ω〕にも同じ電流 i_s〔A〕が流れることになります。オームの法則から、R_s〔Ω〕の両端電圧は $R_s i_s$〔V〕、R_f〔Ω〕の両端電圧は $R_f i_s$〔V〕です。回路図をよく見ると、これらの電圧の合計はちょうど出力電圧と同じになるので、

$$v_o = (R_s + R_f) i_s$$

となります。次に、仮想短絡の考え方から入力電圧 v_i〔V〕と R_s〔Ω〕の電圧 $R_s i_s$〔V〕が等しいとみなせるので、次式となることがわかります。

$$v_i = R_s i_s$$

以上から、電圧増幅率は次式となって、

$$A_{vo} = v_o/v_i = (R_s + R_f) i_s / R_s i_s = 1 + \frac{R_f}{R_s}$$

抵抗の比 R_f/R_s で決まることがわかります。また、増幅率の値がプラスであることから、入力に対して同じ位相の出力となることもわかります。

難易度 ★★

9-9 ▶ 演算増幅器で足し算

～ミキサーになります～

▶【演算増幅器】
大昔は計算機

　演算増幅器はその名の通り、演算（計算）のできる装置です。演算する増幅器という意味で**オペアンプ**[*1]とも呼ばれています。演算増幅器は足し算や引き算だけではなく、微分や積分もできます。大昔はアナログコンピュータとして計算機に利用されていましたが、ディジタル回路の発展とともに計算に使われることはめったになくなりました。しかし、演算増幅器はシンプルな回路ながら応用が利く、とても便利なものです。ここでは一例として加算回路を紹介します。

　加算回路（かさんかいろ）は複数の入力電圧を合計して増幅する回路です。図9.9.1のように3つの入力電圧 v_1〔V〕、v_2〔V〕、v_3〔V〕を3つの可変抵抗 R_1〔Ω〕、R_2〔Ω〕、R_3〔Ω〕を通して入力します。反転入力端子と非反転入力端子が仮想短絡していると考えれば、反転入力端子はグラウンドと同じ電位になり、R_1〔Ω〕には v_1〔V〕の電圧、R_2〔Ω〕には v_2〔V〕の電圧、R_3〔Ω〕には v_3〔V〕の電圧が加わることになります。よって、オームの法則から次の式が成立します。

$$i_1 = \frac{v_1}{R_1} \qquad i_2 = \frac{v_2}{R_2} \qquad i_3 = \frac{v_3}{R_3}$$

　一方、電流 $i_s = i_1 + i_2 + i_3$ は入力インピーダンスが無限大なので、演算増幅器に流れ込むことなく抵抗 R_f〔Ω〕に全部流れます。また、反転入力端子が仮想短絡していることから R_f〔Ω〕には出力電圧 v_o〔V〕が加わることになるので、電流の向きに注意すると、

$$v_o = -R_f i_s = -R_f(i_1 + i_2 + i_3) = -R_f\left(\frac{v_1}{R_1} + \frac{v_2}{R_2} + \frac{v_3}{R_3}\right)$$

となります。R_1〔Ω〕、R_2〔Ω〕、R_3〔Ω〕をすべて同じ値にすれば、出力は v_1〔V〕、v_2〔V〕、v_3〔V〕の合計を増幅したものになります。あるいは、R_1〔Ω〕、R_2〔Ω〕、R_3〔Ω〕を調整すれば、各入力 v_1〔V〕、v_2〔V〕、v_3〔V〕を好きな割合で混ぜる図9.9.2

---

*1　operational amplifier の意。

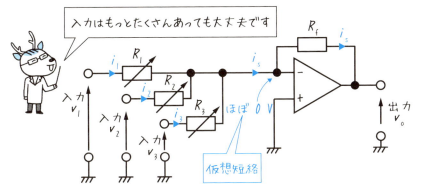

図 9.9.1：演算増幅器を使った加算回路

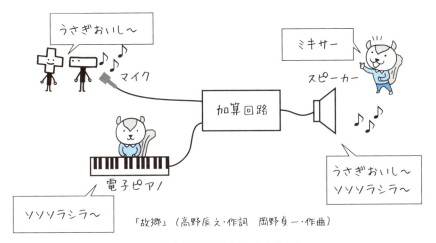

図 9.9.2：加算回路はミキサーになります

のようなミキサーとして利用できます。

このように演算増幅器はシンプルな回路で様々な応用ができる、とても便利な部品です。ほかにも、ボルテージフォロア、コンパレータ（比較器）、微分回路、積分回路、アクティブフィルタ等、たくさんの応用があります。

EXERCISES

第 9 章への演習問題

【1】 負帰還回路の増幅率が温度に対して変動を抑えられるのはなぜですか。

演習問題の解答

【1】 負帰還回路の増幅率は、ほぼ帰還回路の帰還率で決まります。帰還回路は温度変化の小さい抵抗などを中心に成り立っているので帰還率の温度変化も小さく、負帰還回路の増幅率は温度による変化が小さくなります（**9-3** 参照）。

> **COLUMN**　マイクの使い方を間違えると
>
> 　図のように、スピーカーの出力をマイクが拾ってしまうとき、「ビー！」や「キーン！」という大きな音が出ることがあります。これは「ハウリング」と呼ばれる現象で、正帰還回路による発振の動作を表しています。マイクが拾った些細なノイズを増幅回路が増幅し、スピーカーから出たノイズがまたマイクに入って増幅されます。これを繰り返すことで増幅器の限界まで出力が上がり、不快な大きい音が出るのです。
>
> 　ではハウリングが起こらないようにするのはどうすればよいでしょうか。答えは簡単、スピーカーから出る音がマイクに入らないようにすればいいのです。マイクをスピーカーから遠ざけたり、スピーカーの音が出る向きにマイクを向けたりしないようにすれば、ハウリングは起こりにくくなりますね。
>
>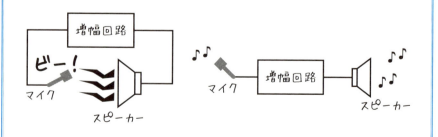

第10章

ディジタル回路

　第9章までに学んだのは電子回路の中でも「アナログ回路」です。アナログ回路の使い方を極端に限定したのが「ディジタル回路」です。

難易度 ★

10-1 ▶ ディジタルとは
～アナログの超一部分である～

> ▶【ディジタル】 0か1のどちらかの値。間はない
> ▶【アナログ】 間にいくらでも値がある

　ディジタルは信号を0か1に限定して利用する技術です。反対に、信号を限定しないものをアナログといいます。アナログについては、ここまでにすでに学んだことになります。

　CDとレコードを例にディジタルとアナログの違いを説明しましょう。

　図10.1.1のCDには、ディスクに凸凹（でこぼこ）が刻まれています。でっぱりが1、へこみが0という信号に対応しています。LEDで赤外線を入れると、反射光の様子が凸凹に応じて変化します。その変化をフォトダイオード（PD：第5章参照）で読み取っています。

　一方、図10.1.2のレコードは、音声信号の波形をそのままディスクに刻んでいます。ディスクを回転させて針を当てると、信号の大きさに応じて針が振動します。その振動をホーンや電子回路で大きくするのがレコードの仕組みです。

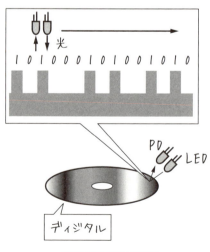

図10.1.1：CDの様子

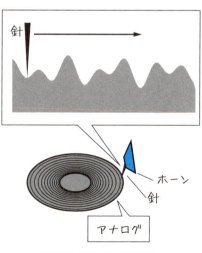

図10.1.2：レコードの様子

ディジタルでは信号が 0 か 1 に限られているのに対し、アナログでは信号の種類が限定されていません。この違いを電子回路で表現すると図 10.1.3 のようになります。ディジタルの場合、スイッチが OFF で電気が流れていない状態を 0、スイッチが ON で電気が流れている状態を 1 としています。アナログの場合は抵抗（あるいは電子回路）を調整することで、電球をいろいろな明るさに調整できるのです。

　図 10.1.3 での比較を見ると、ディジタルはアナログのごく一部分だとみなすことができます。ディジタルはアナログでいう抵抗を非常に大きくして電球が消えた状態のときと、抵抗をゼロにして電球が一番明るい状態のときだけを利用しているのです。アナログのほんの一部分を使うことで信号がはっきり区別されるようになり、便利になる、という利点がディジタルにはあります。

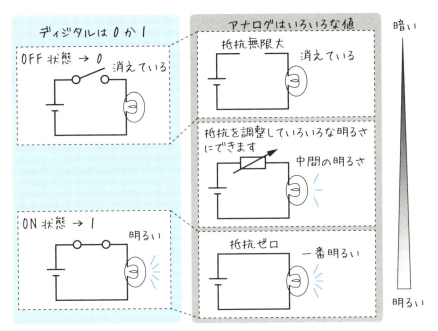

図 10.1.3：ディジタルとアナログ

難易度 ★★

10-2 ▶ ディジタルの数え方
〜2進数の世界〜

▶【ディジタル】
2進数の数え方が基本

　ディジタルは信号を表す数字として0と1しかありません。しかし、私たちが普段使う数字には1192や184など、たくさんの種類があります。

　私たちが日常で使う数字は10進数(しんすう)という「0・1・2・3・4・5・6・7・8・9」の組み合わせでできる10種類の数で表されています。0から1、2、……と数えていき、9まで来ると10種類全部の数字を使い切ったことになります。そこで、9の次は10と表して十の位に繰り上がるのです。同じように、99の次は100、999の次は1000と表していけば、いくらでも大きい数字を表記することができますね。

　一方、ディジタルで使える数字は0と1の2種類だけです。このため、0の次は1、その次は位が上がって10になり、その次は11、その次はさらに位が上がって100となります。このように、0と1の2種類の数字で数を表す方法を2進数といいます。表10.2.1に10進数と2進数の対応を示します。

　なお、10進数の100は日本語で「ひゃく」と読みますが、2進数の場合は混同しないように100を「いち・ぜろ・ぜろ」と読みます。また、2進数であることをはっきり伝えたいときは$(100)_2$というように、2進数の2を添え字で書くことがあります。こうすれば、次のように表記できます。

$$(100)_2 = (4)_{10} \quad \leftarrow \quad \text{「2進数の100は10進数の4と同じ」の意}$$

　このように0と1だけの信号でも、2進数で表せば私たちが日常使う数に対応させて数を数えることができるようになります。これをディジタル回路で表現したのが、表10.2.1の「ディジタル回路」の列です。電球が消えている状態を0、光っている状態を1に対応させています。このとき、数字の桁の数だけ電球が必要になります。ディジタル回路では、ここでいう電球の数のように、数字を表すための桁が何個使えるかを表す単位として、bit(ビット)が使われています。

234

表 10.2.1：10 進数・2 進数・ディジタル回路の対応

数字を表すための
電球の数（bit）

10 進数	2 進数	ディジタル回路
0	0	
1	1	
2	10	
3	11	
4	100	
5	101	
6	110	
7	111	
8	1000	
9	1001	
10	1010	
11	1011	
12	1100	

2 進数　1　0

ディジタルは
2 進数が基本
です

表 10.2.1 の右側に色文字で示したように、1 bit で 0 と 1 の 2 種類、2 bit で 0 から 3 までの 4 種類、3 bit で 0 から 7 までの 8 種類、4 bit で 0 から 15 までの 16 種類の数を表すことができます。一般的に、n bit あれば 0 から $2^n - 1$ までの 2^n 種類の数を表すことができます。

　人間の指は両手で 10 本あるために 10 進数を使っているという説があります。ディジタル回路の場合は 0（OFF）と 1（ON）の 2 種類で表さないといけませんので、数字が 2 種類の 2 進数を使うしかありません。リスは 4 本指、両手で 8 本指ですから、8 進数で数えているかもしれませんね。

10-3 ディジタルとアナログの変換
～細かく刻みます～

> ▶【AD 変換】 アナログをディジタルに変換
> ▶【DA 変換】 ディジタルをアナログに変換

アナログ信号をディジタル信号に変換することを AD 変換、ディジタル信号をアナログ信号に変換することを DA 変換といいます。図 10.3.1 から図 10.3.2 へは AD 変換、図 10.3.2 から図 10.3.3 へは DA 変換を行っています。

図 10.3.1 は 523 Hz の周波数をもつ音（ト音記号の中央に近いドの音）で、最大値が 10 V の正弦波交流のアナログ信号です。これを、2 bit の情報をもつディジタル信号で表してみましょう。

表 10.2.1 のように、2 bit では 0、1、10、11 の 4 つの状態を表すことができます。数字を 2 桁にそろえるために、00、01、10、11 と表記します。図 10.3.1 のアナログ信号を 4 分割して 00 を − 9 V、01 を − 3 V、10 を ＋ 3 V、11 を ＋ 9 V に対応させましょう。そして、0.5 ms ごとに一番近いディジタルの値を読みます。0.0 ms では 10、0.5 ms では 11、1.0 ms では 01 というようにディジタルの値を並べたのが、図 10.3.2 の波形になります。

得られたディジタルの値を基に、DA 変換で元に戻そうとしたのが図 10.3.3 です。4 分割しかないのでガタガタした波形になっています。このように、分割数が足りなくて生じるノイズを量子化ノイズといいます。量子化ノイズを抑えるためには、縦の分割（量子化ビット数）と横の分割（サンプリング周波数）を細かくする必要があります。

CD の場合、人間の耳に聞こえる周波数の範囲は十分再現できるように設計されています。縦は 16 bit（2^{16} = 65536 分割）、横は 44.1 kHz（1 分割当たり 0.0227 ms）に分割しています（図 10.3.4）。

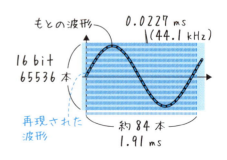

図 10.3.4：CD の場合

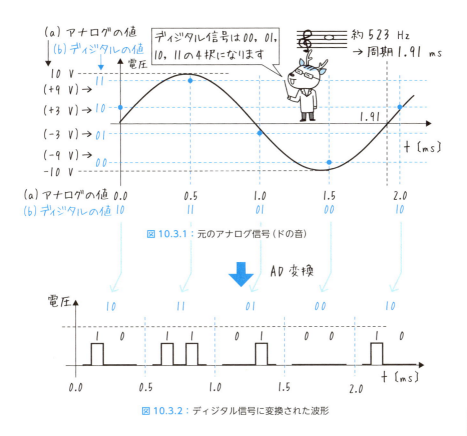

図 10.3.1：元のアナログ信号（ドの音）

図 10.3.2：ディジタル信号に変換された波形

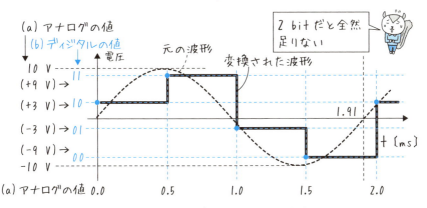

図 10.3.3：アナログ信号に戻そうとした波形

10-3 ▶ ディジタルとアナログの変換

難易度 ★★

10-4 ▶ 論理回路の基本部品
～中身は知らなくていいです～

> ▶【論理回路】
> AND：両方　＝　掛け算
> OR　：または　＝　足し算
> NOT：否定

　ディジタル信号は掛け算や足し算などの計算をすることができます。ディジタル信号だけを扱う回路を**論理回路**（ろんりかいろ）といいます。論理回路を構成する基本的な部品には **AND 回路**、**OR 回路**、**NOT 回路**の3種類があります。中身がどのようになっているかは後で説明しますので、ここでは3つの回路の働きを理解しましょう。

　図 10.4.1 の AND 回路は A と B の入力をもっています。出力は、入力を掛け算した $A \cdot B$ という値になります。A と B 両方が 1 のときだけ出力が 1 になるので「AND」回路と呼ばれています。回路で表現すれば、スイッチ A と B が直列につながっているのと同じになります。入力と出力の関係をまとめた表は**真理値表**（しんりひょう）と呼ばれています。

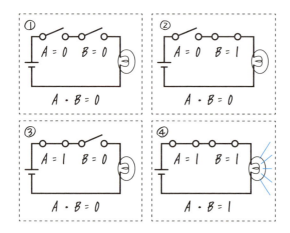

図 10.4.1：AND 回路の働き

238

図 10.4.2 は OR 回路です。出力は入力を足し算した $A + B$ という値になります。A と B の**どちらか**が 1 のときに出力が 1 になるので「OR」回路と呼ばれています。回路で表現すれば、スイッチ A と B が並列につながっているのと同じになります。ただし、入力が両方 1 のとき、10 進数でいえば $1 + 1 = 2$ ですが、これを 2 進数で表すと $(10)_2$ という 2 桁の答えになります。出力端子は 1 つしかありませんので、一番上の位の 1 を答えに選びます。回路で考えても、出力は 1 で問題ありません。

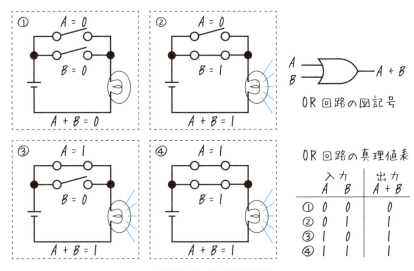

図 10.4.2：OR 回路の働き

　NOT 回路は入力された信号と逆の信号を出力します。入力が 0 のときは 1 を、入力が 1 のときは 0 を出力します。回路だと、押したときに OFF になり、離したときに ON になるスイッチだと考えてください。

　なお、論理回路の図記号は MIL 記号（ミル記号）を使っています。法令では JIS 記号という別の記号が定められていますが、慣用的に MIL 記号を使うことが多いため、本書でも MIL 記号を採用します。

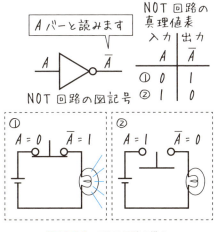

図 10.4.3：NOT 回路の働き

難易度 ★ ☆ ☆ ☆ ☆

10-5 ▶ ブール代数
～とても簡単～

❓ ▶【ブール代数】
0 と 1 しかない数学

　ブール先生が考えたブール代数とは、0 と 1 という 2 つの数字しか扱わない、ディジタル回路を表すのにとても便利な数学です。公式はたくさんありますが、本節を読めばほとんどの式を自分で導けるようになります。

　たとえば「$A + A = A$」という公式があります。ブール代数では文字の値が 0 か 1 にしかならないという特徴があります。これと **10-4** の OR 回路で学んだ 1 + 1 = 1 にするという決まりに注意すれば、A = 0 のときと A = 1 のときだけを調べれば公式が正しいことがすぐにわかります。

$$A = 1 のとき：A + A = 1 + 1 = 1 \quad ← これは A の値に等しい$$
$$A = 0 のとき：A + A = 0 + 0 = 0 \quad ← これは A の値に等しい$$

以上で公式が正しいことが証明されました。次ページに代表的な公式を 6 つ掲載したので、正しいかどうか確かめてみてください。やや難しい 3. と 5. と 6. の説明をしておきましょう。

では 3. の $A + \overline{A} = 1$ という式を説明しましょう。

$$A = 1 のとき：A + \overline{A} = 1 + 0 = 1 \quad ← 1 に等しい$$
$$A = 0 のとき：A + \overline{A} = 0 + 1 = 1 \quad ← 1 に等しい$$

よって、$A + \overline{A} = 1$ が正しいとわかります。

次に 5. の $A + A \cdot B = A$ を説明しましょう。

$$A = 1 のとき：A + A \cdot B = 1 + 1 \cdot B = 1 + B = 1 \quad ← A に等しい$$
$$A = 0 のとき：A + A \cdot B = 0 + 0 \cdot B = 0 \quad ← A に等しい$$

よって $A + A \cdot B = A$ となります。ここでは A の値で確かめましたが、

$$B = 1 のとき：A + A \cdot B = A + A \cdot 1 = A + A = A \quad ← A に等しい$$

240

代表的なブール代数の公式

1. **足し算や掛け算の順番を入れ替えても同じ答えになる**
（これは普通の文字式の計算と同じです）

   $A + B = B + A \quad A \cdot B = B \cdot A$

   $A + (B + C) = (A + B) + C \quad A \cdot (B \cdot C) = (A \cdot B) \cdot C$

2. **0 や 1 が入った計算**

   $A + 0 = A \quad A \cdot 0 = 0 \quad A + 1 = 1 \quad A \cdot 1 = A$

   （↑ここにブール代数の特徴が現れます）

3. **同じ文字の計算**

   $A + A = A \quad A \cdot A = A \quad A + \overline{A} = 1 \quad A \cdot \overline{A} = 0 \quad \overline{\overline{A}} = A$

4. **カッコの外し方（分配法則）**
（これは普通の文字式の計算と同じです）

   $A \cdot (B + C) = A \cdot B + A \cdot C$

5. **吸収の法則**

   $A + A \cdot B = A \quad A \cdot (A + B) = A$

6. **ド・モルガンの法則**

   $\overline{A + B} = \overline{A} \cdot \overline{B} \quad \overline{A \cdot B} = \overline{A} + \overline{B}$

1.から6.は自分で導けるようにしましょう

$B = 0$ のとき：$A + A \cdot B = A + A \cdot 0 = A + 0 = A$ ← A に等しい

と、B の値を使っても確かめることができます。

　こういった公式は論理回路を使っても表現することができます。たとえば 先ほど示した「$A + A = A$」という公式は、図 10.5.1 のような OR 回路に、A という同じ値が 2 つの入力に入ることを表しています。答えは $A = 0$ のときも $A = 1$ のときも A に等しくなります。

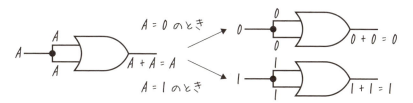

図 10.5.1：$A + A = A$ を論理回路で表した

10-6 ド・モルガンの法則
~表を書けば何とかなります~

> **【ド・モルガンの法則】**
> $\overline{A + B} = \overline{A} \cdot \overline{B}$　　$\overline{A \cdot B} = \overline{A} + \overline{B}$

　ド・モルガンの法則は、AとB両方について調べる必要があるため、表を作ると便利です。

　まず$\overline{A + B} = \overline{A} \cdot \overline{B}$から説明します。表10.6.1は左辺、表10.6.2は右辺を求めたものです。まず左辺を求めるために、(1)AとBの値を00、01、10、11と4通りすべて並べ、(2)$A + B$を計算しています。計算した$A + B$の値を反転（0は1に、1は0に）させると、(3)$\overline{A + B}$が得られます。次に右辺は、まず同じように(4)AとBを並べ、(5)$\overline{A}$と$\overline{B}$をそれぞれ求めておきます。それらを掛け算して(6)$\overline{A} \cdot \overline{B}$が得られます。表10.6.1の(3)と表10.6.2の(6)は

表 10.6.1：$\overline{A + B}$

(1)		(2)	(3)
A	B	$A + B$	$\overline{A + B}$
0	0	0	1
0	1	1	0
1	0	1	0
1	1	1	0

表 10.6.2：$\overline{A} \cdot \overline{B}$

(4)		(5)		(6)
A	B	$\overline{A}$	$\overline{B}$	$\overline{A} \cdot \overline{B}$
0	0	1	1	1
0	1	1	0	0
1	0	0	1	0
1	1	0	0	0

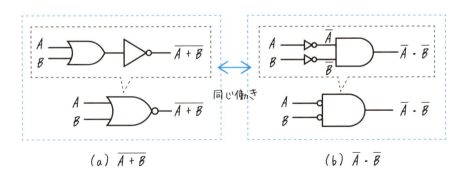

図 10.6.1：$\overline{A + B} = \overline{A} \cdot \overline{B}$

見事に一致していますね。つまり、$\overline{A + B} = \overline{A} \cdot \overline{B}$が正しいといえます。右辺は NOT（否定）をしてから AND（掛け算）をしています。

この結果を論理回路で表すと図 10.6.1 のようになります。(a) は OR（足し算）をしてから NOT（否定）が入っています。(a) は NOT（否定）が入ってから AND（掛け算）が入っています。論理回路では NOT 回路を省略して丸（○）の記号で表すことがあります。また、(b) のように OR 回路の出力側に NOT 回路がついたものは NOR 回路（ノア回路。NOR = NOT + OR）と呼ばれます。

次は $\overline{A \cdot B} = \overline{A} + \overline{B}$ という式を確かめましょう。同じようにして表 10.6.3 に左辺、表 10.6.4 に右辺を調べたものを示します。表から公式が成り立つことがわかりますね。図 10.6.2 は式 $\overline{A \cdot B} = \overline{A} + \overline{B}$ を論理回路で表したものです。左辺を表す $\overline{A \cdot B}$ は、AND 回路の出力側に NOT 回路がついているので NAND 回路（ナンド回路。NAND = NOT + AND）と呼ばれます。

表 10.6.3：$\overline{A \cdot B}$

(1)		(2)	(3)
A	B	$A \cdot B$	$\overline{A \cdot B}$
0	0	0	1
0	1	0	1
1	0	0	1
1	1	1	0

表 10.6.4：$\overline{A} + \overline{B}$

		(4)	(5)	(6)
A	B	$\overline{A}$	$\overline{B}$	$\overline{A} + \overline{B}$
0	0	1	1	1
0	1	1	0	1
1	0	0	1	1
1	1	0	0	0

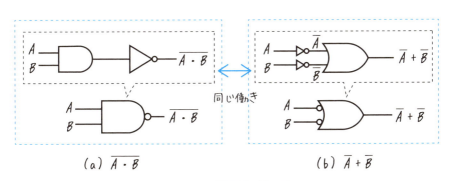

図 10.6.2：$\overline{A \cdot B} = \overline{A} + \overline{B}$

難易度 ★★

10-7 ▶ NAND（ナンド）は王様。何でも来い
〜 NAND は何にでもなります〜

▶【NAND 回路】
組み合わせると、どの基本部品にもなる

　10-4 で、AND・OR・NOT の基本回路を紹介しましたが、実は **10-6** の NAND 回路だけを組み合わせて 3 つの回路すべてを作ることができます。図 10.7.1 に NAND 回路の図記号と真理値表を掲載します。

　図 10.7.2 のように、NAND 回路の 2 つの入力に同じ A を入力してみましょう。出力は $A・A$ に NOT のかかった $\overline{A・A}$ になりますが、$A・A = A$（**10-5** の公式 3.）なので出力は $\overline{A}$ になります。つまり、NOT 回路ができました。真理値表を見ても理解できると思います。

　図 10.7.3 は AND 回路の作り方です。NAND 回路の出力をもう 1 回（NAND 回路で作った）NOT 回路で反転して、AND 回路の出力を得ています。

　図 10.7.4 は OR 回路の作り方です。これはド・モルガンの法則をうまく使っています。まず入力 A と B をそれぞれ（NAND 回路で作った）NOT 回路で反転して、$\overline{A}$ と $\overline{B}$ を得ます。それを NAND に入れると $\overline{\overline{A}・\overline{B}}$ が得られますが、ド・モルガンの法則から $\overline{\overline{A}・\overline{B}} = \overline{\overline{A} + \overline{B}}$ なので次式となり、出力は OR 回路になります。

$$\overline{\overline{A}・\overline{B}} = \overline{\overline{A} + \overline{B}} = A + B$$

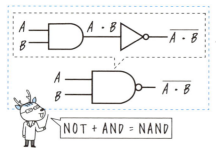

図 10.7.1：NAND 回路と真理値表

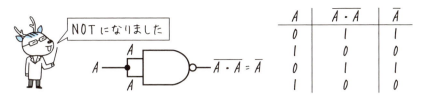

図 10.7.2：NAND 回路で NOT 回路を作る

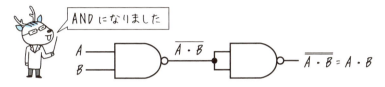

図 10.7.3：NAND 回路で AND 回路を作る

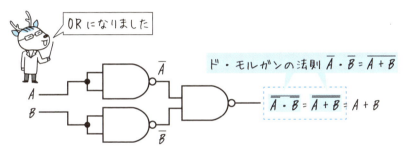

図 10.7.4：NAND 回路で OR 回路を作る

　皆さんなら、NAND 回路で NOR 回路が作れることがおわかりになることでしょう。さらに、NOR 回路を組み合わせてもすべての基本回路（OR・AND・NOT）を作れることがおわかりいただけると思います。実際には CMOS（**10-10** 参照）と呼ばれる半導体で NAND 回路または NOR 回路を作ります。NAND を作るか NOR を作るかは CMOS の構造上、作りやすいほう、または特性が優れているほうが採用されます。

難易度 ★★★

10-8 ▶ 論理回路と真理値表
〜「論理回路」⇔「真理値表」の具体的な手順〜

> ▶【論理回路→真理値表】
> 式で簡単になる

10-6のド・モルガンの法則で学んだように、真理値表を作るには表を書きます。ただし、式で表したほうがわかりやすくなったり、ブール代数を使って簡単な形にしたりすることもできます。図10.8.1にXOR回路（イクスクルーシブオア回路）と呼ばれる、少し複雑な回路を示します。図10.8.1にあるように、いきなり出力を求めるのではなく、各素子の出力がどんな値になっているのか、式を記入することで順番に知ることができます。得られた出力 $\overline{A} \cdot B + A \cdot \overline{B}$ に、A と B の値を代入すれば、どのような入力に対しても出力の値を知ることができます。たとえば、$A = 0$、$B = 0$ のときの出力は $\overline{A} \cdot B + A \cdot \overline{B} = 1 \cdot 0 + 0 \cdot 1 = 0 + 0 = 0$ となります。

もちろん表を作れば同じ結果が得られます。表10.8.1は (1) A と B の値を並べ、(2) $\overline{A}$ と $\overline{B}$ をそれぞれ計算し、(3) $\overline{A} \cdot B$ と (4) $A \cdot \overline{B}$ を求めて (5) 合計を求めたものです。

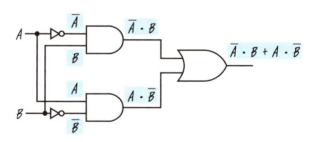

図10.8.1：XOR回路の真理値表を調べてみよう

表10.8.1：XOR回路の真理値表

(1)		(2)		(3)	(4)	(5)
A	B	$\overline{A}$	$\overline{B}$	$\overline{A} \cdot B$	$A \cdot \overline{B}$	$\overline{A} \cdot B + A \cdot \overline{B}$
0	0	1	1	0	0	0
0	1	1	0	1	0	1
1	0	0	1	0	1	1
1	1	0	0	0	0	0

▶【真理値表→論理回路】
出力が 1 のところを「掛け算」する

今度は逆に、真理値表から論理回路を作る方法を考えましょう。表 10.8.2 は作りたい論理回路の真理値表です。表 10.8.3 に具体的な方法を示します。出力が 1 になるところに注目してください。出力が 1 になる行で、「$A \cdot B$」の掛け算が 1 となるよう、文字に ー（バー）をつけます。たとえば $A = 0$、$B = 1$ の行（2 行目）で A に ー をつければ $\overline{A} \cdot B = 1 \cdot 1 = 1$ となって出力は 1 となります。2 行目で作った $\overline{A} \cdot B$ は**基本積**と呼ばれ、掛け算は AND の条件を表すことから、出力が 1 となる A と B の組み合わせの情報をもちます。

真理値表のすべての基本積を合計した論理式は、出力が 1 になる A と B の組み合わせの情報をすべてもち、その真理値表の出力を表すことになります。

表 10.8.3 の結果、求めた出力は単なる B になります。これは、図 10.8.2 のように A の値に関係なく、出力が B になるものです。元の表 10.8.2 の B と出力をよく見比べれば、結果が図 10.8.2 になることもわかりますね。

表 10.8.2：作りたい論理回路の真理値表

A	B	出力
0	0	0
0	1	1
1	0	0
1	1	1

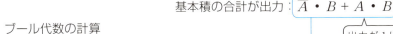

図 10.8.2：求めた論理回路

表 10.8.3：作りたい論理式の求め方

A	B	出力	
0	0	0	
0	1	1	← $A = 0$、$B = 1$ のときにのみ 1 になる式：$\overline{A} \cdot B$
1	0	0	
1	1	1	← $A = 1$、$B = 1$ のときにのみ 1 になる式：$A \cdot B$

$\overline{A} \cdot B + A \cdot B$ 基本積

基本積の合計が出力：$\overline{A} \cdot B + A \cdot B$

出力が 1 になる条件（A と B の組み合わせ）の情報が全部入っている

ブール代数の計算

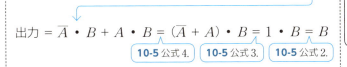

出力 $= \overline{A} \cdot B + A \cdot B = (\overline{A} + A) \cdot B = 1 \cdot B = B$

10-5 公式 4.　　10-5 公式 3.　　10-5 公式 2.

難易度 ★★★

10-9 ▶ 加算器
～ NAND 回路がたくさん必要です～

> ▶【加算器】
> 足し算をします

　図 10.9.1 は **10-8** で紹介した XOR 回路の図記号です。XOR 回路計算機の基本となる足し算をするための基本部品となります。ディジタル回路で 2 進数の足し算を行う装置は加算器と呼ばれています。

　XOR 回路の真理値表をよく見てみると、A と B の値が同じとき出力は 0、異なる値のときは出力が 1 になっていることがわかります。入力が排他的（互いに混ざらない）なときに出力が 1 になることから、このような出力は排他的論理和（はいたてきろんりわ）と呼ばれ、+ 記号に○のついた形で表されます。

　XOR 回路で 2 進数の足し算をするにはどうすればよいかを考えてみましょう。入力を A と B の 2 つ用意して $A \oplus B$ を考えると、足し算は表 10.9.1 にある 4 通りになります。ここでの足し算はブール代数の足し算（1 + 1 = 1 になる）ではなく、**10-2** で学んだ 2 進数の足し算です。ブール代数は論理回路で成立しますが、2 進数は 10 進数と対応していることからわかるように、普通に足し算や引き算、掛け算や割り算ができる数です。つまり、2 進数で 0 + 0 = 0、0 + 1 = 1、1 + 0 = 1、1 + 1 = 10[*1] としないといけないのです。

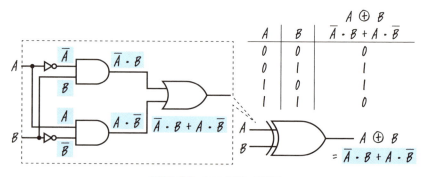

図 10.9.1：XOR 回路の図記号

[*1] ここで「1 + 1 = 2」だと思った方は **10-2** を再度ご覧ください。

具体的には、A と B の 2 つの入力が用意されると最大出力は $1 + 1 = 10$ となります。出力には 2 bit、つまり 2 つの出力が必要となるのです。表 10.9.1 をご覧ください。$A + B$ の値の左から数えて 1 桁目は AND 回路と同じ値、2 桁目は XOR 回路と同じ値になっていることがおわかりになるでしょうか。

このことから、表 10.9.1 の 2 bit の計算を満たす回路は、図 10.9.2 のようになります。左から数えて 1 桁目は「繰り上がり」を意味していて、上の位の計算機に入力してあげる必要があります。ところが、図 10.9.2 は、下の位から繰り上がる数を足す部分がありません。そのため、この回路は**半加算器**（はんかさんき）と呼ばれています。下の位の数を入れることまで考えた加算器は**全加算器**（ぜんかさんき）と呼ばれています。詳しくは、ディジタル回路の専門書をご覧ください。

図 10.9.2 の回路はシンプルに見えますが、もともとは図 10.9.1 のような回路です。これを NAND 回路だけで作ることを考えると大変ですね。これでも 2 bit の足し算しかできないことを思うと、電卓（電子計算機）を作る大変さの入り口が見えたでしょうか。

表 10.9.1：2 bit の足し算

A	B	$A + B$
0	0	0 0
0	1	0 1
1	0	0 1
1	1	1 0

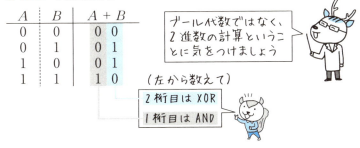

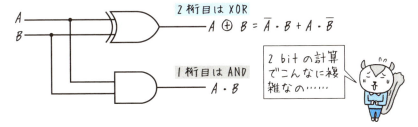

図 10.9.2：半加算器

難易度 ★★★

10-10 ▶ CMOS
～やっぱりディジタルはアナログの一部です～

▶【CMOS】
MOS が 2 つ

　ディジタル回路は、信号を 0 か 1 かのどちらかに制限して利用するので、データを 0 か 1 かで記録すれば CD のように少々傷が入ってもデータを読み出せる（レコードの場合はノイズになる）といった利点があります。ただし、信号を 0 か 1 かに変換（AD 変換）することや論理回路で計算することは、結局はアナログ回路で行うことになります。**10-1** で説明したように、アナログ回路を ON か OFF かで使えるようにした極限がディジタル回路だともいえます。

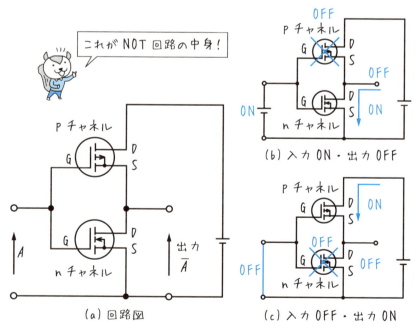

図 10.10.1：CMOS による NOT 回路

ここでは **CMOS**（Complementary-MOS）を紹介します。MOSは第4章で説明した電界効果トランジスタのことですが、先頭のCはComplementary（「お互いに補う」という意味）の頭文字です。MOSにはnチャネルとpチャネルでできたものがありましたが、これらを2つ組み合わせて論理回路を作ることができます。

　図10.10.1はpチャネルとnチャネルのMOSを組み合わせてNOT回路を作ったものです。入力に電圧を加えてON状態にすると、nチャネルのほうは動作しますがpチャネルはOFF状態になり、出力はグラウンドにつながります。つまり出力はOFF状態になります。逆に、入力をグラウンドにつなぐとnチャネルのほうがOFFになり、pチャネルはON状態になります。すると出力は電源+端子につながり、ON状態となります。

　図10.10.2はCMOSでNAND回路を作ったものです。2つの入力 A、B に対して $\overline{A \cdot B}$ を出力するようにできています。

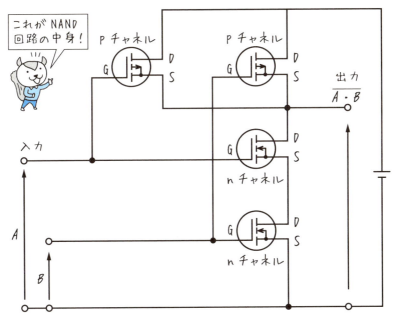

図 10.10.2：CMOSによるNAND回路

EXERCISES

第 10 章への演習問題

【1】 右図の論理回路はどんな動作をするでしょうか。

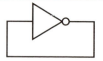

演習問題の解答

【1】 発振します。この回路は、入力も出力も初期状態が 0 なのか 1 なのかわかりません。そこで下図のように、「[A] 0 が入力されたとき」と「[B] 1 が入力されたとき」の両方を調べてみましょう。まず [A] で (1) 0 を入力すると NOT 回路は入力を反転して、(2) 1 を出力します。出力は入力にそのままつながっているため、(3) 入力が 1 に反転します。すると [B] で 1 が入力される状態になります。[B] では (1) 1 が入力され、(2) 出力が 0 となり、(3) 入力も 0 になって [A] の状態に戻されます。結局、初期状態が [A] でも [B] でも、[A] と [B] の状態が交互に入れ替わることになります。このときの出力は 0 と 1 が交互に出力されることになり、発振回路として動作することになります。これは **9-7** で学んだ正帰還回路の一種です。

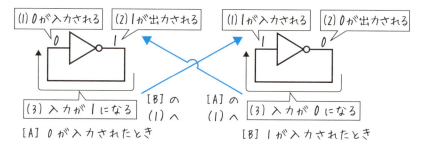

COLUMN 電子回路と人工知能（AI）

人工知能はコンピュータのプログラムで人間の知能を再現しようとする技術です。脳の働きを模倣したり越えようとしたりする研究が進められています。その成果の 1 つである深層学習は人間のもつ脳の神経細胞の働きをプログラムで真似しようとするものですが、そのプログラムはディジタル回路が組み合わさったコンピュータで動いています。もし、脳と完全に同じ働きをする人工知能ができたとすれば、脳の神経細胞と全く同じ信号のやりとりをする電子回路ができているかもしれませんね。

おわりに

　本書の冒頭、p.8 の「電気回路と電子回路の違い」の中で、電気回路と電子回路の違いを「線形」か「非線形」かで特徴づけました。しかし、他の著者の先生方は次のような説明をするかもしれません。

　電気回路の内容は回路で一般に成り立つ基本的な事柄で、電子回路はいわゆる「弱電」の分野。数 mA 程度の電流までを制御する具体的な回路（トランジスタや FET など）、高周波を扱うような回路を扱うものである。

　このように理解していても間違いではありませんし、筆者もそう教えてもらったことがあります。送配電や発電などを「強電」というのに対し、通信や制御は「弱電」に分類され、電子回路も弱電の一部と広く認知されています。

　ところが、近年は半導体デバイスで電車や送配電など、強電と呼ばれた世界のものを制御するのが当たり前になってきました。つまり、電子回路を弱電とみなすのが適切ではなくなってきています。

　そこで筆者は、電子回路の特徴を「電圧と電流の関係が非線形になっているものを扱うもの」と提案しました。そもそもなぜ「電子」回路という名前なのでしょう？ 結局「非線形」な性質というのは、半導体を部品としてうまく使っているからこそ現れるものです。半導体の「電子」がミクロな世界でもっている性質が、電流や電圧に「非線形」な性質を現出させるのです。もちろん電気回路で考えている電流も電子の流れなのですが、そこにミクロな世界の電子の性質は考慮されていません。本当は電子回路で扱う内容は、「電子の性質が回路に出てくるもの」と説明すべきなのかもしれません。

　本書の執筆には、大学の指導教員、研究室の院生方にも多くの助言をいただきました。秘書の藤田真穂さん・古澤礼佳さん・丸橋正宣さんにはきめ細かい調整をうまく融通いただきました。読者の皆様にも温かいご声援と催促をいただきました。

　紙面をお借りして関係者の皆様にお礼申し上げます。

索引

記号・数字

//	183
10 進数	234
2 進数	234

英字

AD 変換	236
AND 回路	238
B（ベース）	71, 72
B（ベル）	166
bit	234
C（コレクタ）	71, 72
CMOS	251
D（ドレイン）	94
DA 変換	236
dB	166
E（エミッタ）	71, 72
EMC	148
eV	29
FET	91
G（ゲート）	94
h パラメータ	83, 182
IGBT	140
J（ジュール）	29
LED	110
MIL 記号	239
MOSFET	102
MS 接合	132
NAND 回路	243, 244
NOR 回路	243
NOT 回路	238
npn 型トランジスタ	71
n 型半導体	46
n チャネル	94
OR 回路	238
PD	118
pin ダイオード	119
pnp 型トランジスタ	71
pn 接合	56
pp 値	163
p 型半導体	46
p チャネル	94
S（ジーメンス）	101
S（ソース）	94
SBD	132
XOR 回路	246

あ行

アース	148, 149
アクセプタ	46, 53
アクセプタ準位	55
アップ	25
アナログ	232
アノード	56
アバランシェダイオード	66, 124
安定抵抗	175
インピーダンス	84
インピーダンス整合	193
エサキダイオード	126, 127
エネルギーギャップ	37
エネルギー準位	30
エミッタ	71, 72
エミッタ接地遮断周波数	186
エミッタ接地増幅回路	150
エミッタ電流	72
エミッタフォロア	194

254

演算増幅器	224, 228	
エンハンスメント型	104	
エンハンスメント型 MOSFET	200	
オーミック接合	134	
オームの法則	8	
オペアンプ	228	

か行

重ね合わせ	22
加算回路	228
加算器	248
仮想短絡	226
カソード	56
活性層	122
価電子帯	37
価電子の状態	33
可変容量ダイオード	130
干渉	22
緩衝増幅器	195
帰還回路	210
帰還率	212
帰還量	216
寄生容量	87
起電力	116
軌道	29
基本積	247
逆位相	152
逆電圧	66
逆方向	60
キャリア	49
吸収	120
禁止帯	37
禁制帯	37
空乏層	56
グラウンド	149

グラウンド線	149
クリッパ	168
ゲート	93, 94
ゲート接地増幅回路	201
結合	34
結合コンデンサ	177
結晶	6, 34
原子	6, 18
原子核	18
原子番号	18, 28
元素	28
元素記号	28
高周波ダイオード	119
降伏電圧	124
固定バイアス回路	172
古典力学	6
コヒーレンス	122
コレクタ	71, 72
コレクタ接地増幅回路	150, 194
コレクタ抵抗	150
コレクタ電流	72
混成軌道	35
コンデンサ	86, 176

さ行

最外殻軌道	33
サイリスタ	138
雑音	148
差動増幅器	225
散乱	23
ジーメンス	101
しきい値	106
仕事関数	133
自己バイアス回路	173, 202
自然放出	120

遮断周波数	186
周期	32
周期表	32
重水素	20
自由電子	23, 37
周波数特性	81, 186
出力アドミタンス	82, 83
出力インピーダンス	190
出力端子	224
主量子数	28
準位	24
順方向	60
小信号増幅回路	178
小信号電流増幅率	80, 82, 83
ショットキー障壁	133
ショットキーバリアダイオード	132
シリコン原子	6
真空準位	133
信号グラウンド	149
真性半導体	46
真理値表	238
スピン	25
正帰還回路	222
正孔	52
静特性	
MOSFET	106
接合型 FET	98
トランジスタ	78
整流回路	60
整流作用	60
絶縁ゲートバイポーラトランジスタ	140
絶縁体	16
接合型 FET	96, 200
接地	148
全加算器	249

線形	9, 64
センサー	118
相互コンダクタンス	100
増幅作用	70
増幅率	164
ソース	94
ソース接地増幅回路	201
族	32
束縛電子	37

た行

帯域幅	187
ダイオード	56
太陽光電池	114
ダウン	25
単色性	122
短絡	178
中性子	18
直流電流増幅率	74
直列帰還	218
ツェナー効果	66
ツェナーダイオード	66, 124
ツェナー破壊	40
ディジタル	232
定電圧ダイオード	125
デバイス	4
デプレッション型	104
デプレッション型 MOSFET	200
電圧	3
電圧帰還バイアス回路	173
電圧帰還率	82, 83
電圧駆動	90
電圧増幅率	164
電圧電流特性	64
電圧利得	166

電荷	3	ドレイン	94
電界	91	ドレイン接地増幅回路	201
電界効果トランジスタ	91, 251	ドレイン抵抗	201
電気	3	トレードオフ	217
電気回路	3, 8	トンネル効果	66, 126, 127
電子	3, 6, 19	トンネルダイオード	126, 127
電子雲	19	トンネル電流	128
電子回路	6, 9		

な行

電子正孔再結合	110
電子正孔対生成	115

雪崩降伏	67
波	22
波と粒子の二重性	23
入力インピーダンス	82, 83, 190
熱暴走	171
ノイズ	148
ノーマリーオフ	104
ノーマリーオン	104

電磁両立性 148
伝導帯 38
電熱線 111
電流 3
電流帰還バイアス回路 174
電流駆動 90
電流増幅率 164
電流利得 166
電力増幅率 164
電力利得 166
ド・モルガンの法則 242
等価回路
　h パラメータ 182
　演算増幅器 224
　小信号増幅回路 178, 206
　接合型 FET 100
　トランジスタ 85
動作点 161
導体 16
動特性 80
ドーピング 46
ドナー 46, 48, 49
ドナー準位 51
トランジション周波数 186
トランジスタ 70

は行

バーチャルショート	226
バイアス	146
排他的論理和	248
バイパスコンデンサ	176
バイポーラ型	92
バイポーラトランジスタ	92
パウリの排他律	24
発光ダイオード	110
発振	222
発振回路	222
波動関数	19
バリキャップ	130
半加算器	249
反転層	103
反転入力端子	224
半導体	16, 42

索引 **257**

バンドギャップ	37
バンド構造	
n 型半導体	50
p 型半導体	54
pn 接合	58
金属	36
絶縁体	40
トランジスタ	76
半導体	42
バンド理論	36
ピークピーク値	163
光起電力	116
非線形	9, 64, 154
非反転入力端子	224
ピンチオフ	97
ピンチオフ電圧	97
ブール代数	240
フェルミエネルギー	27
フェルミ準位	27
フェルミ分布	26
フェルミ分布関数	26
フェルミ粒子	24
フォトカプラ	136
フォトダイオード	118
フォトトランジスタ	136
負荷線	156, 158
負帰還回路	210
負帰還回路の増幅率	212
不純物	48
負性抵抗	128
浮遊容量	87
ブリーダ抵抗	174, 202, 204

ブリーダ電流	174
フレームグラウンド	149
並列帰還	218
ベース	71, 72
ベース接地増幅回路	150
ベース電流	72
変成器	193
ホール	52, 53

ま行

巻数比	193
マクロ	6
ミクロ	6
モノポーラ型	92
モノポーラトランジスタ	93

や行

誘導放出	120
陽子	3, 18

ら行

理想電圧源	84
理想電流源	84
利得	166
粒子	23
量子化	24
量子化ノイズ	236
量子力学	6
ループゲイン	223
レーザー	120, 122
レーザーダイオード	123
論理回路	238

著者紹介

山下 明（やました あきら）

1991年大阪市に生まれる。2013年より大阪府立藤井寺工科高等学校にて教鞭を取る傍ら、ピアノ・ヨガ・和裁・茶道（裏千家）・華道（未生流）・上方舞（山村流）を習う。2017年に定年より39年早期退職して花嫁修業に奮励するも、原稿が捗らず良縁にも恵まれないため、大阪の自宅にて助手に原稿の進捗を監視される生活が続いている。

著書：文部科学省検定済教科書 工業332『電気基礎』（228 山下）／『文系でもわかる電気回路 第2版 "中学校の知識"ですいすい読める』『文系でもわかる電気数学 "高校＋αの知識"ですいすい読める』（翔泳社）

装丁	トップスタジオ デザイン室（嶋健夫）
本文デザイン	トップスタジオ デザイン室（轟木亜紀子）
ＤＴＰ	株式会社 トップスタジオ
装丁イラスト・本文イラスト	坂木浩子

文系でもわかる電子回路
"中学校の知識"ですいすい読める

2019 年 5 月 20 日　初版　第 1 刷発行
2021 年 2 月 15 日　初版　第 2 刷発行

著　　　者	山下 明（やました あきら）
発 行 人	佐々木 幹夫
発 行 所	株式会社 翔泳社（https://www.shoeisha.co.jp）
印　　　刷	昭和情報プロセス株式会社
製　　　本	株式会社 国宝社

©2019 Akira Yamashita

本書は著作権法上の保護を受けています。本書の一部または全部について（ソフトウェアおよびプログラムを含む）、株式会社 翔泳社から文書による許諾を得ずに、いかなる方法においても無断で複写、複製することは禁じられています。

本書へのお問い合わせについては、2 ページに記載の内容をお読みください。

造本には細心の注意を払っておりますが、万一、乱丁（ページの順序違い）や落丁（ページの抜け）がございましたら、お取り替えいたします。03-5362-3705までご連絡ください。

ISBN978-4-7981-5285-1　　　　　　　　　　　　　　Printed in Japan